LOCUS

U0009540

LOCUS

LOCUS

LOCUS

from
vision

from 05

駭客倫理與資訊時代精神

作者：海莫能(Pekka Himanen)
譯者：劉瓊云
特約編輯：趙學信　責任編輯：陳郁馨
法律顧問：全理法律事務所董安丹律師
出版者：大塊文化出版股份有限公司
台北市105南京東路四段25號11樓
讀者服務專線：0800-006689
TEL：(02)87123898　FAX：(02)87123897
郵撥帳號：18955675　戶名：大塊文化出版股份有限公司
www.locuspublishing.com
本書中文版權經由博達版權代理公司取得
版權所有　翻印必究
The Hacker Ethic by Pekka Himanen
Copyright © 2001 Pekka Himanen
〈前言〉Copyright © 2001 Linus Torvalds
〈後語〉Copyright © 2001 Manuel Castells

Chinese translation copyright © 2002 by Locus Publishing Company
This translation published by arrangement with
Random House Trade Publishing, a division of Random House, Inc.
through Bardon-Chinese Media Agency
ALL RIGHTS RESERVED

總經銷：北城圖書有限公司　地址：台北縣三重市大智路139號
TEL：(02)29818089(代表號)　FAX：(02)29883028 29813049
排版：天翼電腦排版印刷股份有限公司
製版：源耕印刷事業有限公司
初版一刷：2002年2月

定價：新台幣250元

Printed in Taiwan

The Hacker Ethic, and the Spirit of the Information Age

駭客倫理與資訊時代精神

Pekka Himanen 著
劉瓊云 譯

目錄

網路

結尾

中文版編輯說明

在此就翻譯和編輯使用的譯名和體例略加說明。

一、Hacker一詞的翻譯

首先是本書最重要的一個英文字hacker，這個字習慣上譯為「駭客」，雖是不太妥當的譯法（理由詳下），但因為多年來使用已經非常普遍，為避免造成困擾，我們在此仍繼續沿用。

關於hack、hacker等字的意義、語源和典故，「行話檔」（參〈序〉的註一）仍是最佳的資料來源，有興趣的人請自行參閱。Hack這個字在電腦領域有多種意義，例如：指因為時間緊迫而不擇手段，迅速地寫完或改好程式；指以精湛的技術和巧思完成一件困難的工作（但工作的成果可能沒多大實用價值）；或者就是指寫程式或玩電腦而已，不過通常指較低階或較困難的層次。不管使用哪一種意思，hack都得是非常專精的人才辦得到，因此被稱為hacker反倒是一種讚美。Hacker被用來指入侵和破壞系統的人，是後來大眾媒體積非成是的結果。

本書作者使用的也是hacker的原始意義。至於hacker與cracker之間的區別，請參考〈序〉的註三。

二、關於註釋

本書附有大量的註釋，這些註釋可分為兩類：一類是用於解釋或補充正文，一類是註明引用文字的出處。如果把全部的註釋都翻譯刊出，勢必會大幅增加中譯本的頁數；而且因為引用的文獻全屬外文資料，對大多數讀者而言，實用性並不高。

兩相權衡之下，我們採取一個折衷的作法：凡屬解釋性質的註釋仍全數譯出，至於註明出處的則另移到網站上，有意深入研究的讀者可自行前往查閱。網址是：

http://www.locuspublishing.com/from/05/htm

三、關於基督宗教的譯名

在本書中，基督宗教的人物與聖經經文，若出現在特定與天主教有關的段落時，採用天主教譯法，經文以思高版為據；其餘則採用一般習慣的譯法，經文以聖經公會和合本為據。前者如早期基督宗教教父的名字，所以Anthony譯「安當」、Basil譯「巴西略」（唯一的例外是Augustine，我們用常見的「奧古斯丁」而不是「奧斯定」）；後者如「掌理天國大門的聖彼得」一句，這裡便不把St. Peter譯成「聖伯多祿」。

三、關於network一詞

network一詞，直接譯是「網路」。但因為考慮到：首先，在中文裡「網路」常成為「網際網路」(Interent)或「全球資訊網」(World Wide Web)的簡稱；其次，network的概念在本書有許多層面的寓意；所以，為讓讀者更明白作者文意，我們在譯文做了如下的區分。

第一，當network指的是實體的網路設施時，仍譯成「網路」，如電腦網路、電話網路。

第二，如果network指的是網路模式在其他領域上的運用，則作「網絡」，如人際網絡、網絡社會。以網絡企業為例，它指的並不是營業項目與網路有關的公司；只要一家公司的結構被「網路化」了(如業務外包、大量雇用臨時員工、工作採任務導向等)，不管是否以網路為本業，都稱為網絡企業。

序

在我們這個科技時代的核心存在著一群非常精采的人，他們自稱爲**駭客**（hacker）。他們不是名聞遐邇的影視名人，但是他們的成就無人不知、無人不曉，奠定了現今這個日新月異的網路社會的科技基礎，舉凡網際網路（the Internet）、全球資訊網（the Web）、個人電腦以及許多重要的軟體，都是他們的貢獻。根據駭客們透過網路共同編纂的「行話檔」（jargon file），駭客一詞被定義爲「一群高度熱中於寫程式的人」❶。他們「相信資訊的共享是一種力量強大的美德，並且認爲，盡可能藉由撰寫自由軟體（free software），以及促進資訊及電腦資源的自由流通，以將他們的專業技能分享給大眾，這是駭客的道德義務。」自從六〇年代初期一群熱情的麻省理工學院程式設計師率先自稱駭客以來，這一直就是所謂的**駭客倫理**（hacker ethic）❷。（稍後，在八〇年代中期，媒體開始將駭客一詞用來泛指電腦罪犯。爲了避免與病毒製造者和資訊系統入侵者相混淆，駭客們於是稱這些專門搞破壞的電腦使用者爲「鬼客」〔cracker〕❸。在本書中，我們將沿用他們對駭客與鬼客的區別。）

我對這些駭客最初的興趣是科技層面上的。這關係到一個顯著的事實，那就是：最能代表我們這個時代的產物，包括網路、個人電腦，以及Linux作業系統之類的軟體，實際上都不是由企業或者政府發展出來的，而是一些滿懷熱忱，欲實現個人理念的電腦玩家，和其他志同道合的夥伴自由合作的結果。（對此一發展細節有興趣者，可參考本書附錄「電腦駭客思想簡史」。）因此我想要了解這整個活動的內在邏輯和動力。然而，我愈思考電腦駭客社群的議題，愈感覺更值得注意的其實是：在我們的時代裡，這些駭客代表著一種更廣泛的精神層面上的挑戰。電腦駭客向來承認他們的作風具有廣泛的適用性；在「行話檔」裡，他們強調駭客基本上可以是「任何一類事物的專家或狂熱分子。例如，一個人也可以是個天文學駭客。」在這個意義上，任何人都可以成爲駭客，不見得必須和電腦有直接的關係。

眞正的問題是：如果我們從廣義的角度來看待駭客呢？他們的理念重要性何在？從這個方向來探討駭客倫理，我們發現：一種嶄新、積極，甚至是熱切的工作態度，正在這個資訊時代逐漸發展著。換言之，駭客倫理提出了一種新的**工作倫理**，直接衝擊到韋伯（Max Weber）在他的經典著作《新教倫理與資本主義精神》（*The Protestant Ethic and the Spirit of Capitalism*, 1904–1905）裡所闡揚的，長期以來深植人心的**清教徒工作倫理**。

對某些電腦駭客而言，從駭客倫理到韋伯，乍看之下似乎牽扯太遠。但他們應該知道，本書中**駭客倫理**一詞所指涉的範圍其實超越了一般的電腦駭客主義；所以，它所面對的社會議題是那些專以電腦爲主的討論所不會觸及的。如此一來，這種廣義的駭客倫理，同樣也對電腦駭客社群帶來了思想上的衝擊。

但最重要的，仍然是駭客倫理對整個社會和個人所帶來的衝擊和挑戰。除了工作倫理以外，這個衝擊的第二個重要層次，是被韋伯界定爲清教倫理構成要素之一的**金錢倫理**（money ethic）。很明顯的，之前提及駭客倫理中資源分享的原則，並非現今主流的賺錢方式；相反的，資訊的持有才是賺錢的眞正管道。更何況，駭客精神認爲工作的動機不應該是爲了錢，而是想做有益於社群的創造發明；這也不是尋常的工作態度。儘管我們不能說所有的電腦駭客都奉行此一金錢倫理；而且不像工作倫理，這樣的金錢態度也不太可能會廣爲大眾採納。不過，駭客的金錢倫理無疑一直是促成當代資訊社會的一個重要力量。而我們也可以由此預見，駭客們對資訊經濟本質的討論，極有可能產生和他們的工作倫理同樣強大的影響力。

駭客倫理中的第三個要素，可以稱爲**網路道德**（英文爲 network ethic，或簡稱 nethic）。之前我引用駭客的定義中有一句「方便資訊及電腦資源取得」，便已稍微觸及這個問題。它所探討的是網路上的言論自由以及網路資源自由取得等理念。雖然絕大多數的電腦駭客都僅部分支持這裡所說的「網路道德」，但考慮其社會意義，我們的確有必要對它做全面的理解。這些想法所帶來的衝擊仍有待觀察，但它們絕對是資訊時代新倫理議題的核心。

這本書是由三位作者合作而成。在過去數年間，這項合作歷經過不同的形式（在加州，我和曼威・柯司特一起做研究；與林納斯・托瓦茲則是邊玩邊做）。一九九八年秋天，在傳統駭客的大本營，加州大學伯克萊分校所舉辦的一場座談會上，我們三個受邀的演講人首次碰面，這個有關駭客倫理一書的構想就在那時候誕生了。當時，我們決定擴張我們三個有關相同題目的演講內容，我們讓托瓦茲首先代表電腦駭客的思想，讓柯司特講述有關我們這個資訊時代的理論（包括資訊主義的崛起、新資訊科技的範型和網絡社會這一個新的社會形態），我則將托瓦茲的電腦駭客思想的例子，放入柯司特提到的時代背景裡，來討論駭客倫理的社會意義。當然，我們每個人講的仍是一個獨立的議題。

這本書循著以下想法而進行：在本書的前言裡，托瓦茲——他創造了我們這個時代最出名的駭客產物，Linux——闡述他對促成了駭客主義的那些力量的看法。柯司特花了過去十五年的時間研究我們的時代，終於寫成他共計一千五百頁的三卷鉅作《資訊時代》（*The Information Age*，第二修訂版在二〇〇〇年出版）。在這本書的後語「資訊主義與網絡社會」中，他首次以適於一般讀者閱讀的較通俗的形式，發表了他的研究成果，並且增訂了一些新材料。我把我的分析定位在托瓦茲和柯司特的理論之間，並且根據駭客精神的三個層次——工作倫理、金錢倫理和網路倫理——把它分爲三部份。（讀者們可以在這本書的網站 www.hackerethic.org 裡頭，找到關於這些主題更詳細的資料。）

讀者若希望能夠在閱讀我的討論前先了解駭客理論的背景，可以直接先讀本書最末柯司特所寫的文章。不然的話，我們就先請托瓦茲發言。

前言

是什麼讓駭客動起來？又名林納斯定律

林納斯．托瓦茲（Linus Torvalds）

我第一次遇到海莫能和柯司特，是在加州大學伯克萊分校於灣區舉辦的一個半天日程的座談會裡，那天的議題是網絡社會的挑戰。現場有一群社會科學的明星人物，討論當代科技與社會；而我，則代表著科技的一方。

我並不是一個容易被嚇著的人，但是這種環境也絕不會讓我覺得很舒服。我要怎樣才能在一群大談科技的社會學家中插嘴發表意見？但是我想一想，既然他們讓一堆社會學家討論科技，他們也該讓一個科技人講一下社會學。最糟糕的後果，就是他們再也不請我回來。我會有什麼損失呢？

我總是拖到演講的前一天才做準備。這一次也是，我又在那裡像熱鍋上的螞蟻一樣，想替明天找一個「角度」。通常等你一找到那個角度——你的舞台——做幾張幻燈片就不是那麼難了。我需要的只是一個構想。

結果我決定解釋是什麼讓駭客動起來，以及爲什麼由我開始寫的小作業系統 Linux 似乎非常吸引駭客們的注意。事實上，我到最後不僅提到了駭客，更談到了主導駭客行爲的最主要動機。我替我的這個看法取了一個名字（用我一貫謙虛和自謙的口吻）叫「林納斯定律」（Linus's Law）。

生存・社交・娛樂

林納斯定律說：我們可以把所有生活的動機分成三個基本範疇，它們依序是：「生存」、「社交生活」和「娛樂」。更重要的是：這三個範疇也可以被視爲生活的發展三「階段」，而所謂的進步，就是從一個範疇進入下一個範疇。

這三個範疇的第一階段是生存，一個不變的眞理。任何一個生物都需要把「活著」這件事擺在第一順位。

那另外兩個階段呢？假設你同意生存是一個頗基本的動力，我們可以問：「人們可以爲什麼而死？」以這個問題來思考其他的兩項生活動機。我會說，任何一個會讓你願意用生命去交換的東西，就應該可以算是一個很基本的動機。

你可以不同意我的選擇，但是我認爲它們很能夠表達我的意思。你很容易就可以在許多人身上找到視**社交生活**比自己的生命還重要的例子，像文學裡的《羅密歐與茱麗葉》就是一個最佳典型；另外，我們常聽見的「爲家庭／國家／信仰而死」的想法，也是另一種視社會生活比個人性命更重要的例子。

娛樂，聽起來好像很奇怪，但是我所謂的**娛樂**不只是玩任天堂。我說的是下棋、繪畫，一種試著去解釋宇宙的心智運動。愛因斯坦並非爲了生存而去思索他的物理，也不是爲了他的社交利益；對他來說，那是娛樂。那些本質上有趣且深具挑戰性的東西，就是娛樂。

尋求娛樂確實是一個強大的驅動力。也許你不會覺得有想要爲你的任天堂而死的衝動，但是你可以想一想爲什麼有人會說「無聊得要死」。的確，對於某些人來說，他們寧死也不要永遠無聊地活著，這也就是爲什麼有人沒事找事，好端端地會從飛機上往下跳——只爲了尋求刺激，避免單調的生活。

那金錢上的動機呢？錢當然有它的用處，但大多數的人應該會同意：錢，並不是人們眞正主要的生活動機。錢的驅動力來自於它能帶來的東西，它最終只是被用來交換我們眞正追求的事物的工具。

關於金錢有一個值得注意的地方，那就是我們通常只能用它買到生存，但是很難透過它得到社交和娛樂；尤其是我上文所說的那一種娛樂，那種可以讓生命更有意義的娛樂。無論你買不買東西，我們當然不應該忽略錢的社會影響力。金錢依然是很有作用的，只不過，它畢竟還是其他更基本的動機的代替品而已。

林納斯定律關心的並非只是這三種驅策人們的動力本身，它更關心的是，我們的進步其實是在於完整經歷這三種階段的改變，從「生存」到「社交生活」，再到「娛樂」。

性？當然。很明顯的，一開始時它是生存的必需，現在也還是。這一點沒有問題。但是對於高度進化的動物來說，性已經進步到不只是純粹爲了生存——性已經成爲社會結構的一環了。對人類來說，性的尖峰便是娛樂。

飲食？是的。戰爭？是的。也許戰爭還沒到那個地步，可是CNN正盡力在把它推入最後這個娛樂的階段。本來戰爭一開始是爲了生存而產生的，後來發展成一種維持社會秩序的手段，現在，它則正毫不留情地朝著娛樂的方向在轉變。

我說，駭客們……

上面所談到的這些都可應用在駭客身上。對駭客來說，生存並非最重要的事。有一堆零食和可樂，他們就可以活得很不錯了。說眞的，當你有一台電腦在桌上時，你擔心的不太會是要怎樣處理下一餐，或是付下個月的房租。生存仍然是一個動機，只是它不會是每天關心的問題，也不會超過駭客其他的興趣。

「駭客」是指一個人不再依靠他的電腦來生存（「我靠寫程式來賺麵包」），而進入了其後的那兩個階段。他（或者是理論上也存在但事實上不常見的「她」）透過電腦做社交活動——電子郵件和網路是建立社群的好方法。但對駭客來說，電腦同時也是娛樂。不是電腦遊戲，也不是網路上漂亮的圖片。電腦本身就是娛樂。

這就是 Linux 這樣的東西會出現的原因。你不用擔心會賺多少錢。Linux 駭客做這些事是因爲他們覺得很有趣，並且他們喜歡跟其他人分享有趣的事。一下子，你因爲做有趣的事而得到了娛樂，同時也有了社交。就這樣，你有了基本的 Linux 互動效應，一大群駭客同心協力工作，做他們想要做的事。

駭客族相信沒有比這個動機更崇高的了。而且那個信念更在 Linux 的範疇外擁有強大的影響力，這是海莫能在這本書中要說明的。

工作

1 薛西弗斯不再是英雄

林納斯・托瓦茲在本書的前言中提到，對駭客而言，「電腦本身就是娛樂」，言下之意，一個駭客寫程式，是因爲他覺得寫程式在本質上就是一件好玩、刺激並且愉快的事。

其他駭客的創作背後的精神也近似如此。托瓦茲並不是唯一用「Linux 駭客們做這些事是因爲事情本身非常有趣」這樣的說法來形容他的工作的人。例如，有時被稱爲「網際網路之父」的文頓・瑟夫（Vinton Cerf）❶便曾如此描述程式設計的魅力：「寫程式這件事，有種不可思議的誘惑力。」眞正造出第一部個人電腦的史蒂夫・沃茲尼克（Steve Wozniak）❷，也直截了當地表達他對程式設計的著迷：「那實在是一個最奇妙的世界。」這就是駭客普遍抱持的精神：他們寫程式，是因爲他們天生就對寫程式的挑戰性深深著迷。程式設計的相關問題就是能引發駭客由衷的**興趣**，讓他們渴望能學得更多。

駭客也**熱衷**於有趣的事情，因爲有趣的事情總是可以使他們振奮。從六〇年代在麻省理工學院開始，傳統的駭客往往在中午過後才起床，然後帶著無比的熱情開始寫程式，深深沉浸其中，直到清晨才罷手。這種態度也可以在十六歲的愛爾蘭駭客莎拉・夫蘭納里（Sarah Flannery）身上得到印證。她在描述做 Cayley-Purser 加密演算法的經驗時說：「我有一種很興奮的感覺。……整天從早到晚工作會讓我精神振奮，有時候根本不想停下來」。

駭客所從事的活動也是**愉快**的。它通常起源於好玩的嘗試。托瓦茲曾經在一些網路文件上描述過，Linux 剛開始時只是他在一台剛得到的新電腦上所做的一些小實驗。在這些文件中，他還解釋他寫 Linux 的動機，純粹只是「做這件事一向很好玩，而且到現在還是」。全球資訊網（World Wide Web）的創造者，提姆・伯納李（Tim Berners-Lee）也曾說過，這項發明是源於連結他稱爲「遊戲程式」的試驗。沃茲尼克提過，很多蘋果電腦的特色其實「來自一個電玩程式。那些好玩的內建功能只是爲了要能做一個私人寵愛的小計劃，也就是要寫出『打磚塊』（Breakout）這個電玩，然後到駭客的聚會裡炫耀成果。」

夫蘭納里談到她開發加密技術的經過，說她是在到圖書館裡研讀數學定理以及實際動手寫程式這兩種活動的交替進行中得到進展：「看到一個特別有趣的定理，……我就會去寫個程式來產生它的實例。……但每次寫程式的時候，我總是會分心花上好幾個小時玩電腦，忘了回頭去鑽研論文。」

有時候這種歡愉之情也表現在駭客的「肉身」上。比方說，珊狄・勒納（Sandy Lerner）的名氣，不只來自於她是發明網際網路路由器（routers）的駭客之一，她同時也以裸體騎馬而聞名。蓄鬚、長髮，裝扮猶如得道上師的李察・史托曼（Richard Stallman）往往穿著長袍參加電腦聚會，然後像是驅除邪靈似的，袚除他的追隨者帶來的電腦裡頭的商業程式。知名的駭客文化捍衛者艾瑞克・雷蒙（Eric Raymond），他那遊戲人生的態度也是遠近馳名的：他酷好眞人演出的角色扮演遊戲，時常穿得像古代聖哲、古羅馬政治家，或是十七世紀的騎士，在他賓州家鄉的街上或附近的樹林裡漫步。

雷蒙在描述 Unix 駭客哲學時，也給了駭客基本精神一個很好的摘述：

> 要正確地實踐 Unix 哲學，你必須忠於卓越。你必須相信軟體是一件值得你投入

一切聰明才智和熱情的工藝品。……軟體的設計與撰寫應該是令人歡愉的藝術，是一種高層次的遊戲。如果你覺得這種態度似乎顯得荒謬或是有點丟臉，那麼請停下來想一想，問問你自己是否忘記了什麼。爲什麼你不去做些能夠賺錢或打發時間的事情，而要設計電腦軟體？你一定曾經認爲軟體值得你忘情投入……

要正確地實踐 Unix 哲學，你必須保有（或者重拾起）這種態度。你必須**在乎**。你必須**下場去玩**。你必須勇於**探索**。

在總結駭客活動的精神時，雷蒙使用了**熱情**這個詞，呼應了托瓦茲在前言中使用的**娛樂**一詞。儘管這兩個詞彙都各自可以引申出更多的言外之意，但雷蒙的用字或許還更貼切，因爲比起「娛樂」，「熱情」更直觀地表達了上述駭客活動的三個層次，也就是他們對本質上有趣、具啓發性、而且令人愉悅的工作的那種投入。

這種對工作的熱情並不是只有在電腦駭客身上才看得到。比方說，學術世界就可以被視爲其先驅。兩千五百年前，第一座學院的創始人柏拉圖，就已經用類似的話語來描述學者熱情探索知識的態度。他說哲學就像「火焰被點燃時閃耀的光芒，它生於靈魂，

並且反身直接滋養靈魂。」❸

同樣的態度也可見於其他的生活領域——例如藝術家、工藝家，以及包括從經理、工程師到媒體工作者和設計師的各種「資訊專業者」。不只是駭客的「行話檔」強調這種駭客的基本理念，一九八四年在舊金山舉行的第一屆駭客會議（Hacker Conference）中，研發蘋果麥金塔電腦的布瑞爾・史密斯（Burrell Smith）也如此定義駭客一詞：

> 各行各業都可以有駭客。你也可以成為一個駭客木匠。當駭客並不一定要從事高科技產業。我認為它涉及的是手藝，以及對自己所做之事的關注。

雷蒙在他的〈如何成為駭客〉（"How to Become a Hacker"）指南中也提到：「有很多人把駭客的態度應用到［軟體以外的］其他東西上，像是電子學和音樂——事實上，任何科學和藝術到達了最高層次，就可以看到它的蹤跡。」

由此看來，在現今這個資訊專業者的角色日益重要的網路社會裡，電腦駭客可以被視為廣義工作倫理的一個良好範例，我們可以稱之為**駭客工作倫理**（hacker work ethic）。儘管我們使用一個由電腦駭客創造的新詞來表達這個態度，但值得注意的是，我們可以在完全不提到電腦工作者的前提下，談論這種工作倫理。我們討論的是一個廣義的社會議題——駭客工作倫理的出現，是對長久以來主宰我們的生活，並且至今仍有著強力支配力的清教徒工作倫理提出質疑。

薛西弗斯式的工作倫理

讓我們來看看駭客工作倫理所面對的，是什麼樣的歷史包袱和社會壓力。大家耳熟能詳的「清教徒工作倫理」一詞，想當然爾，出自韋伯著名的論文《新教倫理與資本主義精神》。韋伯首先敍述，「工作是責任」的觀念何以是興起於十六世紀的資本主義精神的核心：

> 工作的責任，這個我們今天非常熟悉，但其實絕非理所當然的獨特觀念，是資本主義文化的社會倫理中最明顯的特徵，也可以說是它的根本基礎。每個人都應該，而且往往也的確，對自己的職業感覺到一種責任。至於這份工作是什麼，也無論它表面上看起來是個人權力或僅只是物質（資金）的運用，這些都無關緊要。

韋伯接著說：

不僅高度的責任感是絕對不可或缺的。另外，一種至少在工作的時候不會去計算要如何能夠最省力、最輕鬆地賺得一定的工資的態度，也同等重要。相反的，人們必須工作，就好像工作本身即是最終目的，是一種天職。

韋伯接著闡明他書中描述的另一股力量——同樣也是興起於十六世紀，由清教徒所傳授的工作倫理——如何助長這些目標。這種工作倫理的最純粹形式，可在清教徒牧師李察・貝克斯特（Richard Baxter）的說法中見到：「上帝維持我們的生命和活力，是要讓我們有所爲；工作既是力量的道德目的，亦是其自然目的。」而如果一個人說：「我要祈禱、默想［而不工作］，這猶如你的僕人拒絕做他最重大的工作，反而將自我束縛在一些簡單的、較不重要的小事上。」上帝並不樂於見到人們只是默想跟祈禱——他要人們各盡本分工作。

秉持著資本主義精神，貝克斯特勸告雇主不但要爲勞工灌輸各盡其職的想法，而且更要讓他們儘量把它當成一種良心志業：「上帝眞正的忠僕，會爲了順從主而竭力爲你服務，一如聽從主的命令一般。」在總結這種態度時，貝克斯特將勞動稱為「天職」(calling)。這是一個很好的說法，因為它表達了清教徒工作倫理的三種核心態度：必須將工作本身視為目的；工作時必須恪盡職責；必須將工作視為不容質疑、務必完成的義務。

相對於駭客工作倫理的先例是在學院裡，韋伯指出清教徒工作倫理在歷史上唯一的先例是隱修院。的確，如果我們繼續推廣韋伯的比較，將會看到許多相似點。比方說，六世紀時，聖本篤（Benedict）的隱修會規要求所有的修士將被分配到的工作視為責任，並且引用「空閒乃靈魂的仇敵」來告誡那些畏懼工作的弟兄。修士們也不應該對被分配到的工作有所質疑。本篤的前輩，公元五世紀的若望．加祥（John Cassian）在他的隱修會規中，為了闡明這點，就以讚嘆的口吻講述一個服從的修士若望的故事。故事中，修士若望服從長上的命令，去滾動一顆大得不可能有人能移動的石頭：

> 再一次地，當其他人急於從他［指若望］的服從中學習，長上叫他來說：「若望，趕快跑去把那顆石頭推到這裡來。」他立刻前去，時而用頸，時而用全身，竭盡全

力去滾動那個就算集衆人之力也無法搬動的巨石。不只他的衣服被四肢流出的汗水浸透，就連巨石也被他頸上的汗水沾溼了。儘管如此，若望出於對長上的尊敬以及眞誠簡單的服務態度，從未衡量這個命令和行爲是不可能達成的。他不自覺地相信長上不可能命令他去做一些無謂或者沒有理由的事情。

這種薛西弗斯式（Sisyphean）的苦行，體現了隱修的中心思想：一個人不應該質疑他工作的本質❹。本篤的隱修會規甚至解釋，工作的本質並不重要，因爲工作的最終目的並不是眞要把什麼事做完，而是要訓練工作者去執行任何交代給他的事，以藉此謙遜他的靈魂❺。直到今天，許多教會似乎仍奉行著這個原則。在中世紀，這種清教徒工作倫理的原型只存在於隱修院裡，它並未影響到教會本身對工作的普遍態度，更別說一般的社會大眾。必須等到宗教改革之後，隱修思想才被傳播到隱修院院牆以外的世界。

不過，韋伯繼續強調，儘管資本主義精神在清教徒倫理中找到了基本的宗教理論基礎，但清教徒倫理很快就從宗教中解放出來，開始依據自己的法則運作。用韋伯著名的譬喻來說：它轉變成一個無關宗教、讓人無所遁逃的鐵牢❻。這是一個根本前提：在我們逐漸全球化的世界裡，我們應該就像理解**柏拉圖式愛情**一詞一樣來理解**清教徒工作倫理**。當我們說某人對某人的愛情是柏拉圖式的，我們並非指他是一個柏拉圖主義者，信仰柏拉圖的哲學、形上學等等。「柏拉圖式的愛情」一詞適用於任何哲學、宗教信仰或文化背景的人。同理，我們可以談論一個人的「清教徒工作倫理」而不涉及他的信仰或文化。因此，無論是日本人、無神論者，或是虔誠的天主教徒，都可能（而且常常也的確如此）奉行清教徒工作倫理。

我們不難看出清教徒工作倫理到今天仍有很大的影響力。我們常聽到有人說「我想把我的工作做好」，或者雇主在退休員工的餞別餐會上致詞時會說：「他一直是個勤奮（或負責、可靠、忠誠）的員工。」這些只問態度、不講求工作內容爲何的評語，都是清教徒工作倫理的遺緒。清教徒工作倫理的另一個特徵是：他們把工作的地位提昇成爲一個人生命中最重要的事；在最極端的情形下，甚至還可能導致一個人因爲工作成癮，而完全忽略了他所愛的人。清教徒倫理的其他特徵還包括咬緊牙關、任重道遠的工作態度，以及許多人因病請假時會產生的罪惡感。

從一個比較大的歷史脈絡來看，儘管現今的網絡社會在許多方面都和它的前身

——工業社會——顯著不同，然而網絡社會的「新經濟」並未與韋伯所描述的資本主義完全割裂開來，它只是一種**新形態的資本主義**。因此，清教徒工作倫理持續至今的影響力也就不那麼令人驚訝了。柯司特在《資訊時代》一書中強調，儘管有不少人對未來提出了美妙若天堂般的預測（比如傑若米·芮夫金〔Jeremy Rifkin〕的《工作的終結》〔*The End of Work*〕），但從勞動的意義來理解的「工作」，卻還不會結束。我們很容易會誤以爲，科技發展必定自然而然地使我們的生活不再繞著工作打轉。然而只需看看到目前爲止，網絡社會的興起所帶來的實際經驗，再根據它們來推估未來，我們就不得不同意柯司特對此一模式之本質的看法：「工作目前是，而且在可預見的未來也將會是，人們生活的核心。」❼網絡社會本身並未挑戰到清教徒工作倫理。任其發展，工作至上的精神很輕易就在新社會裡持續發揮其影響力。

總體來看，廣義的駭客主義最根本的特質在於，它提出了網絡社會裡另一種替代的精神——它開始質疑長期支配的清教徒工作倫理。在這樣的脈絡下，我覺得只有在一個意義上，才能把所有的駭客都看成是鬼客，那就是他們都努力想破解清教徒倫理這座鐵牢的大鎖。

天堂，或是地獄

清教徒倫理並不會在一夜間消失。就像所有重要的文化變遷，它需要時間。清教徒倫理是如此地深植於現代人的意識中，以致於常被不假思索地當成是「人類天性」。當然，它並不是。只要稍微看一下前清教徒（pre-Protestant）時代對工作的態度，就能夠重新提醒我們這個事實。清教徒倫理和駭客倫理兩者都是歷史上的個別現象。

貝克斯特的工作觀，對前清教徒時代的教會是完全陌生的。宗教改革以前，神職人員傾向將時間花在討論諸如「死後是否有來生」的問題，沒有人會擔心人死後是否還得**工作**。工作並不是教會最崇高的理想之一。上帝自己就工作六天，在第七天休息。人類最終極的追求便是：置身天堂，猶如天天都是星期日，人們永遠不必工作；只有樂園，沒有辦公室。我們可以說基督教對「生命的目的是什麼？」這個問題的原始答案是：生命的目的就在星期日。

這句話並不是故做詼諧。五世紀時，奧古斯丁相當直接地把生命比喻成星期五；根據基督教教義，這是亞當、夏娃偷嚐禁果和基督受難的日子❽。奧古斯丁寫道，在天堂裡我們將會找到永恆的星期日，那個上帝休息、基督升天的日子。「那將會是最美妙的安息日；一個沒有夜晚、永不結束的安息日。」生命就是一場漫長的等待——等待週末。

由於教會的神父們把工作只看成是亞當、夏娃被逐出樂園的後果，他們特別留心於仔細描寫他們還在伊甸園裡時的活動。無論亞當和夏娃在裡面做什麼，反正絕不會是**工作**。奧古斯丁強調在伊甸園裡，「值得嘉許的工作並不累人」，它頂多就是令人愉快的**嗜好**。

前清教徒時代的教徒把工作（亦即「勞役」）視為懲罰。在傳達地獄景象的中世紀異象文學裡，地獄中仍有勞動——這個事實便充分顯示了它本質上就是折磨的工具：罪人的懲罰就是透過鐵鎚和其他工具來執行的❾。此外，根據這些想像，地獄裡還有一種比身體上的痛楚更殘忍的折磨——永無休止的苦役。當六世紀時，一個虔誠的教士伯萊登（Brendan）造訪地獄，看到一個勞動者時，他馬上在胸前畫十字，因為他知道他已經來到了一個完全看不到希望的所在：

再往前走一點，不遠處，他們聽到如雷的轟鳴，以及大鎚敲打鐵砧、鐵塊的撞擊聲。

聖伯萊登於是在自己周身畫十字作為保護，說著：「喔！主耶穌基督，請拯救我們脫離這罪惡的島嶼。」隨即有個島民出現，看似在工作著。他披頭散髮，污穢不堪，被火和煙薰得全身烏黑。當他看到附近有基督的奴僕，便倉皇退回熔爐旁，嘴裡嚎叫著：「悲慘啊！悲慘啊！悲慘啊！」

當時的想法是：如果你在世時行為不檢點，死後你將被懲罰做勞役。更糟的是，根據前清教徒時期的教會，你所做的工作，將是完全徒勞而且無意義的，遠遠超乎你在人世間時所能想像。

到了最能呈現前清教徒世界觀的巨著——但丁於臨終前（1321年）完成的《神曲》——這個主題得到了更清晰的形象。在書中，凡是生前貪財好利的罪人，不管是揮霍無度的人或守財奴，都注定要永遠推著巨石繞圈：

這裡比上面任何地方都要黑暗，
從兩頭，朝著彼此痛苦的哀叫聲，
他們咬著牙使盡全力，滾動沉重不堪的巨石。

當他們在中間點相會，彼此碰撞，
他們便回身往反方向推去，其中一邊的人尖叫著：
「爲什麼要吝嗇？」另一邊嘶喊著：「爲什麼要揮霍？」
就這樣他們繞著這個陰鬱的圓往回走，
各自從兩邊回到圓的另一頭，
再重複高喊出自己的罪孽；
又一次他們彼此互撞，轉身，繼續推動巨石；
永遠在他們的半圓裡困鬥。

但丁的這個想法來自於希臘神話。在塔塔勒斯（Tartarus）——地獄最底層，囚禁重大罪犯的地方——薛西弗斯被給予最嚴厲的處罰。他被詛咒必須永無休止地將一顆巨岩推到山巔；被施咒的岩石必然從山頂落下，而薛西弗斯必須週而復始地重複同樣的工作[10]。星期日總是不斷地向薛西弗斯和但丁《神曲》裡身處煉獄的罪人招手，然而它從未眞的來臨。這些被詛咒的人，必須停留在永遠的星期五。

考慮這個背景以後，我們現在可以更清楚地理解宗教改革如何大大改變了我們對工作的態度。用寓言式的語彙來說，它把生活的重心從星期日移到星期五。清教徒倫理如此徹底地改變了意識形態，它甚至把天堂和地獄對調了。當在人世間，工作本身已經成爲一種目的，教士們覺得很難想像天堂會是一個僅供人浪費時間休閒的地方，而工作也不再被視爲煉獄般的懲罰。因此，改信新教的十八世紀教士約翰・雷瓦特（Johann Kasper Lavater）說，即使在天堂，「不工作就無法得到福祐。擁有一份職業表示擁有一份使命、一份責任、一項特定的任務必須去執行。」浸信會教士威廉・烏亞特（William Clarke Ulyat）在二十世紀初描述天堂時更是一語中的，他說：天堂「其實就是一個工作坊」。

清教徒倫理的影響力大到它這種以工作爲中心的態度，甚至充斥於我們的想像中。丹尼爾・狄佛（Daniel Defoe）接受的是新教傳教士的養成教育，他所寫的小說《魯賓遜漂流記》（*Robinson Crusoe*, 1719）就是一個絕佳的例子。被遺棄在荒島上的魯賓遜可一點也輕鬆不起來；相反的，他無時無刻不在工作。他完全是一個正統的清教徒，儘管仍然遵行著一周七天的制度，但連星期天也不肯放假。當魯賓遜把一個原住民從他的敵人手中救出來以後，他很適切地將他命名爲「星期五」，以清教徒倫理教育他，然後讚美他是這種倫理下最理想的工作者：「從未有人有過一位更忠實、可親並且眞誠的僕人，認眞投入，勤勞負責。他的感情牽繫於我，正如一個孩子之於父親。」⓫

二十世紀的米榭・杜赫尼葉（Michel Tournier）以諷刺的口吻重寫了這部小說，書名即爲《星期五》（*Vendredi*），書中的星期五是更虔誠地皈依清教徒倫理。爲了試驗星期五，魯賓遜決定給他一件比若望・加祥的隱修會規更費力、更徒勞的工作：

> 我指派他一件在全世界每座監獄都會被視爲是最低下可厭的工作。我要他在地上掘土挖洞，用掘第二個洞所挖出的土去塡滿第一個洞，然後再挖第三個，依此類推。他爲此在灰暗的天空下與如鼓風爐一般的高熱中勞動了一整天。……然而星期五絲毫未顯露出對這份蠢工作的厭惡。不僅如此，我難得看到他如此愉快地工作。

薛西弗斯的確已經成爲英雄⓬。

充滿熱情的生活

將駭客倫理（這裡泛指其對社會的挑戰，而非僅限於電腦駭客的倫理）放在這個綿長的歷史脈絡裡，很容易可以看出：它與前清教徒時期思想的相似程度，遠遠大於它與清教徒倫理的相似程度。從這個角度來看，我們可以說對駭客而言，生命的目的更接近星期日，而非星期五。但需注意的是，這只是「比較接近」：駭客倫理畢竟還是不同於那種想像在天堂裡毋需工作的前清教徒工作倫理。駭客想要實現他們的熱情，並且也瞭解即使是從事最有意思的工作，也不見得就能全然順心，事事如願。

對駭客而言，**熱忱**是他們的行動方針——即使實現理想的過程並不一定在各方面都好玩有趣，令人喜歡。因此，托瓦茲形容他寫 Linux 的經驗是混合了愉快的嗜好和嚴肅的工作：「Linux 絕大部分是嗜好（不過是嚴肅的嗜好：最好的一種）。」駭客充滿熱忱和創造力，但他們也必須努力工作。雷蒙在〈如何成爲駭客〉一文中就說：「當一個駭客有很大的樂趣，但那是一種需要投注許多努力的趣味。」任何稍具規模的創造都需要這樣的努力。必要的話，駭客們也會願意接受工作中較無趣的部分，以成就整體的創造。因爲最終的成果意義非凡，所以去做那些比較乏味的部分也是值得的。雷蒙寫道：「這些努力與堅持將會變成一種需要高度專注的遊戲，而不是苦差事。」

永遠的無趣，和爲了實現畢生的熱情而願意暫時忍受較無趣然而必要的工作，這兩者之間是迥然不同的。

2 不需要時鐘的工作熱情

駭客工作形態的另一個重要特點，就是駭客與時間的關係。Linux 作業系統、網際網路和個人電腦，都不是在朝九晚五的辦公室裡發展出來的。當托瓦茲撰寫最初幾版的 Linux 時，他通常工作到深夜，然後隔天中午過後起床再繼續。有時候，他從寫 Linux 程式換成玩電腦，或者做一些完全不相干的事。這種自由的作息向來是重視個人生活節奏的駭客族的典型特徵。

韋伯在他著名的論文裡曾論及清教徒工作倫理所特有的時間感，藉此強調工作與時間兩種概念之間的有機聯繫。他引用班傑明·富蘭克林的口號「時間就是金錢」❶，說明資本主義的精神正是起於這種對時間的態度。

當我們思考網絡社會對時間的根本態度，很明顯地，儘管我們的新經濟在其他很多方面都和過去工業時代的資本主義不同，但在有效利用時間這點上，它大半還是繼承了清教徒倫理的看法。現在，任何再小的時間單位都是金錢。柯司特便使用「時間壓縮」一詞，非常恰當地點出網絡社會的趨勢❷。

資訊經濟下的時間觀

「善用時間」這個觀念影響著每一個人的生活。商業新聞的報導方式就是一項重要的文化指標，明白告訴我們時間的脈動是如何日益加快。目前CNBC經濟新聞的背景音樂已經比MTV裡的音樂更加瘋狂，它講求速度的視覺美學比起音樂錄影帶，也是有過之而無不及。就算一個人完全看不懂新聞的實際內容，他也會接收到一項訊息：要趕快！就算一個人不了解新聞的意義何在，他也會知道正是這種講求速度的經濟控制著我們的行動步調。由於講求速度，我們報導商業新聞的方式和播報氣象變得如出一轍，像是：紐約晴天、那斯達克指數是宜人的上漲八十點；或者，東京颱風來襲、有獲利警訊——兩者都僅止於告知「天氣狀況」，我們別無選擇餘地，只能配合調整。

柯司特在《資訊時代》一書中，根據實際資料闡明了競爭如何強化了全球資訊經濟（information economy）[3]——或者精確地說，應該稱爲**資訊化**經濟（informational economy），因爲所有的經濟其實都是以資訊爲基礎，但我們的經濟卻是奠基於資訊科技的新範型之上。在後文，**資訊經濟**一詞將會視爲是這種理念的同義詞來使用。科技的日新月異迫使廠商必須先於競爭對手，迅速地將新科技交到客戶手中。動作慢的就只能積壓著滿倉庫的過時產品；那些無法對科技上的重大移轉作出即時反應的，下場則更慘。

亞馬遜網路書店（Amazon.com）、網景（Netscape）和戴爾電腦（Dell Computer）這幾個資訊經濟的當前象徵，就是這種速度文化最佳的範例。從一個證券經理人變成亞馬遜網路書店創辦人的傑夫·貝佐斯（Jeff Bezos），解釋與科技發展同時並進的重要性：「當有個東西以一年二三〇〇%的速度在成長時〔亞馬遜網路書店創辦時，網際網路的成長率〕，你必須趕快行動。一股刻不容緩的迫切感變成了你最珍貴的資產。」創辦過三家價値數十億美元公司（其中第二家即是網景）的吉姆·克拉克（Jim Clark），描述他到伊利諾州拜訪帶起全球資訊網流行風潮的馬賽克瀏覽器（Mosaic browser）的誕生地，也瞭解到全球資訊網所提供的契機之後，在飛回矽谷的航班上，他心中想道：「時間分秒流逝。

即使只是從伊利諾到舊金山這三個半小時的飛行，也是在浪費時間。拿來和等加速度定律相比，以十八個月為週期倍增的摩爾定律（Moore's Law）簡直可以用悠閑二字來形容。［根據英特爾（Intel）創辦人戈登・摩爾（Gordon Moore）的經驗法則，電腦微處理器的效能每十八個月增加一倍。］❹在遠遠短於十八個月的時間內，我們必須做出一個全新的產品，把它送到市場上。……人們將會以資訊在光纖纜線中移動的速度來衡量時間，摩爾定律的十八個月週期將不再適用——現在看來那簡直像地老天荒！」

加速，最佳化，自動

克拉克的「不斷加速定律」迫使科技產品不得不以愈來愈快的速度問世。在這個領域裡，成功企業家的資金也必須以前所未有的速度流通。投資標的往往在數小時、數分鐘，甚至數秒之間改變。資金不容許任其閒置或浪費在冗員身上：它必須隨時備妥，可以立即用於投資最新科技，或在金融市場上靈活操作，不斷變換投資標的。

如今，時間的壓縮已到了前所未有的程度。在科技或經濟上的競爭，還包括了要允諾客戶他們能比對手更快將「未來」送到客戶的手上。「科技新發明讓您立即就能享受未來」——這已是屢見不鮮的行銷辭令。同樣的，在經濟領域，已經沒有人滿足於靠著等待未來而逐漸致富。這正是爲什麼網路公司能夠在破紀錄的短時間內驚人地增值，遠遠早於他們所預期的未來眞正實現之前。

在這個速度的時代，周圍環境的突然變動（像是科技的轉變，或者金融市場的意外波動），即使對優秀的企業也可能造成衝擊，迫使他們甚至必須資遣表現一流的員工。

爲了適應這些快速的變化和日益加劇的科技商業競爭，企業現在採行了更靈活的經營模式。靈活度首先來自於網絡化。柯司特在本書後語中，談到了**網絡企業的興起**。因爲要獲得各項技術太花時間，而增加的人力往後也可能會成爲負擔，拖累公司的整體效率，網絡企業於是專注於他們的核心技術，根據他們不斷變化的需要來與承包商和顧問建立合作網絡。網絡企業甚至願意就個別計畫與競爭對手結盟，同時又在其他方面持續和對手進行激烈的競爭。即使在公司內部，網絡企業也是由相對而言較獨立的事業單位所組成，各個單位再視計畫需求而彼此合作。這裡任聘的方式比一般的長期僱傭制要有彈性，柯司特稱這些人爲**彈性員工**（flexworkers）。運用這種網絡模式，企業可以只雇用當下計畫所需要的人員。換言之，在新經濟時代裡，眞正的雇主並非企業本身，而是企業內部或企業之間正在進行的計畫❺。

其次，過程的最佳化（optimization of process）也加速了網絡社會的運作。由於管理學者麥可．韓默（Michael Hammer）在《哈佛商業評論》（*Harvard Business Review*）所發表的一篇重要文章〈企業再造：不要自動化，要裁撤〉（Reengineering: Don't Automate, Obliterate, 1990）❻，過程最佳化有時也被稱爲組織再造。所謂順應新經濟，不只是在既有程序中加進新網頁就夠了，它更牽涉到重新思考整個流程。變動之後的流程可能會由全新的步驟組成；就算不盡然如此，至少所有非必要的中介程序會被刪除，商品囤積在倉庫的情形也會被減至最少，甚至完全排除。在講求速度的文化中，停滯不動比緩慢還要更糟❼。

第三，自動化——這個自工業社會以來即爲人所熟知的概念——仍有其重要性。即使到現在，高科技產業相關新聞還是時常會呈現員工在生產線上的畫面。一旦整體過程被最佳化以後，我們還是必須透過自動化來加快各步驟的運作（有時候過程最佳化和自動化係以反序爲之，很容易導致迅速完成一些不必要，甚至完全錯誤的工作）。即使是高科技產業，也仍舊需要投入實質的生產；不同的是，在其中，人力所佔的分量被盡可能地減至微乎其微，並且員工被訓練成能在最短的時間內完成工作。由此可見，一種新版的泰勒主義（Taylorism）——由弗得列克・泰勒（Frederick Winslow Taylor）爲工業資本主義發展出來充分運用時間的方法——仍活躍於網絡社會之中❽。

對於目前典型的資訊專業人員，這種快速文化不斷要求他們更有效運用工作時間。每個工作天都被切割成一連串匆忙的會議，而他們必須從這一場趕到下一場。時時面對工作期限的壓力，這些專業人員沒有時間放鬆取樂，他們必須充分利用時間，才能確保在這殘酷的競爭環境中生存下來。

星期日也是工作天

傳統清教徒倫理以工作爲中心的態度已經言明：工作時不容許娛樂。我們可以看出，這個工作觀在資訊經濟時代被更進一步發揚光大，因爲，將時間最佳化的理想已經擴展到工作以外的生活（如果這樣的生活仍然存在的話）。如今，在工作日裡（或者用第一章的譬喻，也可以稱之爲星期五），最佳化的壓力已經強大到開始排擠掉清教徒倫理的另一端——空閒時間（亦即星期日）的娛樂。一旦工作時間已達到最佳化的極限，最佳化的需要便擴及到所有其他的活動。即使是休閒的時候，人們也不再能只是隨便地「休閒」——他必須格外得體地表現他的「休閒」。舉例來說，只有新手會隨性休閒而沒有先去上一堂休閒技巧課程。一個人如果純粹只把業餘嗜好當成嗜好，而不思謀求專業表現，那會被認爲是一件丟臉的事。

一開始，娛樂被從工作中排除，然後又被從休閒中排除，最後剩下的只有最佳化後的休閒時間。韋陀・瑞柏辛斯基（Witold Rybczynski）在《等待週末》（*Waiting for the Weekend*）中舉了一個很好的例子來說明這個轉變：「人們以前『玩』網球，現在則是『苦練』他們的反手拍」❾。另外一種工作取向的休閒方式是去練習一些有助於工作的技能，再不然就是盡可能與工作無關，以便能在得到充分休息之後，以最佳狀態繼續投入工作。

在最佳化的生活裡，休閒時間呈現與工作時間相同的模式。居家時間也同樣經過緊湊地規畫、安排：5:30—5:45 送小孩去球場。5:45—6:30 健身房。6:30—7:20 心理治療課程。7:20—7:35 去球場接小孩。7:35—8:00 晚飯。8:00—11:00 全家看電視。11:00—11:35 哄小孩睡覺，跟配偶交談。11:35—12:35 看深夜節目。12:35—12:45 其他對配偶的關注（偶爾）。比照工作上的模式，一天的時間被精確地分成幾個區段，而電視節目時間表當然更助長了這種時間區隔。人們感覺居家時間和工作時間的進行是很類似的：都是爲了能在有限時間內做最多事情，而趕著去赴一個又一個約會。一個母親在訪談中適切地表達出，她覺得現在的家庭有了一個新的地位象徵：「以前的地位象徵是房子或車子。現在則是說：『**你們**很忙？你應該看看**我們**有多忙。』」

社會學家雅莉・霍克席德（Arlie Russell Hochschild）在《時間羈絆》（*Time Bind*）中，非常精闢地描述了現代家庭如何廣泛採用企業管理的方法來將時間最佳化。霍克席德並未檢視居家生活的改變和資訊經濟之間的關係，但是，只要把這些改變看成是上述企業用來將時間最佳化的三種形式的變體，我們很容易就能把它們放進大的社會脈絡裡。爲了要讓每個人能夠簡單迅速地執行他們的工作，家庭也已被泰勒化和自動化。霍克席德很恰當地稱之爲「家中去技術化（deskilling）的父母」：微波速食已經取代了親手烹調的晚餐。每個家庭不再培養他們自己的娛樂，他們直接按下遙控器加入電視提供的娛樂生產線。霍克席德的諷喻確實傳神：「晚餐過後，有些家庭會全家沉默但舒適地坐在一起，看著電視上喜劇影集裡的父親、母親和孩子熱烈地彼此交談。」[10]

家庭管理中另一項來自企業的策略是：網絡，尤其是工作外包式（outsourcing）網絡，像是食物外賣和托育中心（把食品生產和幼兒托育外包給專業廠商）。霍克席德描述因此而產生的母親（父親）新形象：「缺乏時間的母親被迫選擇是要凡事親力而爲，還是要向他人購買商品化的親職服務。依賴日益增多的各種商品目錄、服務項目，她愈來愈像一位親職經理人，負責監督和協調家庭生活的每一項外包業務。」

第三點是程序的最佳化。即使是在家中，透過刪減「不必要」的部分，照顧孩子的「過程」也可以被最佳化。父母不再只是沒效率地和孩子混在一起；他們給予孩子「高品質時間」。所謂「高品質時間」的定義是：有清楚的開始與結束，而且其間明顯有活動進行，或者達成具體的成果（例如小孩在學校的表演活動或運動會，或是去遊樂場遊玩）。在高品質時間裡，無所事事的狀況被減到最少，乃至完全消除。一個將速度文化完全內化的父母親甚至相信，即使對小孩而言，他們也會覺得比起擁有無限的相處時間，這種相處模式其實是一樣的，或者甚至更好。霍克席德評論：「高品質時間讓人們相信，安排集中、有深度的相處，能夠彌補總體時間的減少，因爲親子關係的品質並無損失。」

彈性的時間運用

在資訊經濟時代，人們的整個生活都逐漸像在職場上一樣被最佳化了（在過去，即使連工作也沒那麼講究有效利用時間）。但還不止於此。除了以工作爲中心的時間**最佳化**以外，清教徒倫理還講求以工作爲中心的時間**組織化**。清教徒倫理首先導入了以規律工時爲生活核心的觀念，人們能夠安排給自己的僅限於工作結束後的剩餘時間：像是一天工作後剩下的夜晚，一週工作後剩下的週末，以及退休——總之就是生活的殘餘。生活的核心是每天規律重複的工作，它控制著生活中其餘所有時間的安排。韋伯描述在清教徒倫理中，「一般勞動者常被迫接受臨時性工作，這種情況在所難免，儘管如此，它依然是不足取的臨時狀態。無固定職業者缺乏有條理、講方法的性格，……而這正是世俗禁欲主義所要求的。」

到目前爲止，時間組織化的要求在資訊經濟中仍沒有太大改變。儘管新的資訊科技不僅可壓縮時間，且可讓時間更有彈性，但仍難得有人能夠逃離規律的工時。（柯司特稱此爲「時間的去序列化」［desequencing of time］。）有了網際網路和行動電話之類的科技，人們在任何時間、任何地點都可以工作。

然而，這種新彈性並未自動帶來更完美、和諧的時間調配。事實上，資訊經濟的主要發展趨勢似乎是，時間彈性反而強化了工作至上的趨勢。資訊從業人員多半利用這種彈性來在閒暇時抽出空檔工作，而不是反過來在工作時趁隙休息。實際來說，基本的工作時數還是一天（至少）八小時，但個人的閒暇常被短暫的工作打斷：半個小時看電視，半個小時處理電子郵件，半個小時和小孩到戶外去玩，其中夾雜著幾通和工作有關的行動電話。

行動電話之類的無線通訊科技未必會帶來自由，它也可以成爲一種「緊急科技」（emergency technology）——供緊急時聯絡之用。到頭來，每通電話很容易都變成緊急電話，而行動電話成爲處理每天突發事件的生存必備工具。

如果我們想到第一批採用（有線和無線）電話的其實是處理意外的專業人員，像是需要隨時應付緊急狀況的警察，當前這種情況毋寧是有些反諷的。艾隆森（Aronson）和格林鮑姆（Greenbaum）舉例描述，攜帶手機的醫生們如何「逐步但牢固地承擔起必須隨傳隨到的道德責任」。即使對社會大眾來說，電話一開始也是被當成求生工具來行銷。有一個一九〇五年的廣告，宣傳電話如何能拯救獨自在家的家庭主婦：「現代女性發現，電話讓他們對意外不再感到恐懼。她知道她可以聯絡上家庭醫生，或者必要時，可以在比平時傳喚僕人更短的時間內，打電話給警察或消防隊。」另一個賣點是，生意人可以打電話給老婆，告知因為臨時有事，所以會晚一點回家。在一個一九一〇年的廣告裡，有個男子對妻子說：「我會晚半個鐘頭回家。」妻子愉快地回答：「好啊，約翰。」廣告下方的文字進一步解釋：「生意人經常因為突發狀況而必須留在辦公室裡。如果公司和家中都裝了貝爾電話，他就可以馬上和家人聯絡。幾句話就化解了所有的焦慮。」

自從透過電話傳遞的第一句話開始——那是一八七六年，電話發明人貝爾（Alexander Graham Bell）對他的助手所說的：「華生先生，過來一下，我需要你。」——電話就和緊急狀況結下了不解之緣。矛盾的是，最先進的科技輕易地把我們帶到最根本的生存層面，我們時時待命，隨時準備應付緊急狀況。資訊經濟社會中，菁英份子的形象正朝一個新方向發展：過去，當你再也不用東奔西跑、成天勞碌時，你知道你已經晉身菁英階級了；現在，菁英是一群馬不停蹄，透過行動電話處理緊急突發事件，永遠在追逐著計畫完成期限的一群人。

星期五的星期日化

如果我們用新科技來推動工作至上的觀念，像行動電話這樣的科技很容易抹除掉工作與休閒之間的分際，讓工作滲透到生活的每個層面。時間的最佳化和彈性，兩者相乘的結果，很可能讓星期日變得愈來愈像星期五。

但這也並不是必然的。駭客們有效運用時間是爲了要有更多娛樂的空間：托瓦茲的想法是，在認眞開發 Linux 的工作過程中，總是需要時間打打撞球，或寫些沒有立即用途的程式。自六〇年代以來，麻省理工學院的駭客也都抱持著同樣的態度。在駭客版的彈性工時裡，工作、家庭、朋友、興趣等等不同生活領域之間的結合比較靈活，因此工作並不總是生活的核心。駭客可能會在工作時間中抽空和他的朋友吃一頓長長的午飯，或者晚上出去喝啤酒，然後下午或者隔天再重回工作崗位；有時候他們也可能臨時起意，決定放自己一天假去做些完全不同的事情。駭客的觀點是，運用機器來增加時間彈性和效益，其目的應該是要爲人帶來比較不機械化的生活——較不必講求效益，少一點例行公事。雷蒙寫道：「做一個駭客，你必須堅信［人們向來就不該爲愚蠢而重複的工作操勞」，以致於你會希望不只爲自己，也爲所有其他人，將這些無趣的東西盡可能自動化。」當駭客希望能夠更自主地運用時間的理想實現之後，星期五（工作日）應該會變得更像傳統上的星期日（工作日之餘的生活）。

歷史上，這種時間自主的意識，也可以在學院裡找到前例：學術界向來捍衛個人安排時間的自由。柏拉圖定義學術和時間的關係時提到：一個自由人擁有 *skhole*，意指「充分的時間。他說話時，不急不徐，因爲時間是他自己的」。但是 *skhole* 指的不只是「有時間」，而且是一種與時間的特定關係：一個學院裡的人可以**安排他自己的時間**——他可以依照他想要的方式結合工作和休閒。一般人即使能自由選擇投入某些工作，但他們都並未擁有自己的時間。失去控制個人時間的權利（稱爲 *askholia*）就像是處於監禁（奴隸）狀態。

把時鐘帶出隱修院

與宗教改革之後的生活相較，在前清教徒時代，即使是學院之外，人們仍對時間有較多的掌控權。在埃曼鈕・勒華拉杜里（Emmanuel Le Roy Ladurie）的著作《蒙大猶

——1294-1324年奧克西坦尼的一個山村》（*Montaillou: Cathars and Catholics in a French Village*, 1294-1324）中，他描繪出一幅十三世紀末、十四世紀初的迷人中世紀鄉村生活圖象。當時的村民沒有任何辦法準確地測量時間，他們談到時間時只能模糊地表達，說某件事發生在「榆樹發芽的季節時」，或某件事需要花「唸兩段主禱文的時間」。在蒙大猶並不需要精準的測量時間的工具，因爲村子並不是依據規律的時間作息。

勒華拉杜里寫到：

> 蒙大猶的人不怕工作，必要的話他們也能吃苦耐勞。但是他們的腦中並沒有一個規律而連續的時間表。……對他們而言，一天的工作中穿插著長長的、不規則的停頓，其間他可以跟朋友談天，或者喝一杯酒。雅諾·席克（Arnaud Sicre）說：「聽到這些話，我暫時停下我的工作去吉列梅·莫力（Guillemette Maury）的家。」雅諾·席克還提到幾次類似的中斷：「皮耶·莫力（Pierre Maury）找人到我做鞋子的店裡找我。……吉列梅請人帶信要我去他家，於是我就去了。……聽到這個，我放下手邊的工作。」

在蒙大猶，控制生活節奏的多半還是做事的人，而不是時鐘。現在，一個在工作中途臨時起意和朋友出去喝杯小酒的鞋匠，無論他鞋子做得多快多好，無疑必定會被開除。因爲我們這個時代的工作者不再像「黑暗時代」（中世紀的舊稱）的鞋匠或牧羊人一樣，享有管理自己時間的自由。當然，我們不能忽略中世紀也有農奴，但是如果暫且撇開這點不論，我們可以說，在中世紀時，只要能夠達到合理的工作目標，沒有人會特別監督工作者如何運用時間。

在那個時代，唯有隱修院裡的作息才會嚴格遵照**時鐘**而進行。因此，又一次，我們可以在隱修院裡發現清教徒倫理的前例。事實上，當我們閱讀隱修院的會規時，常會覺得好像讀到當代主流的企業守則。本篤會規便是很好的例子。它訓示，生活必須「永遠在同一**時辰**，以相同的形式重複。」這些「時辰」，指的是天主教教義裡一天七個「日課時辰」(*horas officiis*)：

黎明	讚美經（晨禱）	Laud（*laudes*）
上午九點	午前經	Prime（*prima*）

正午	午時經	Sext（*sexta*）
下午三點	午後經	None（*nona*）
下午六點	晚經（晚禱）	Vespers（*vespera*）
日暮	夜課經（夜禱）	Compline（*completorium*，一天的結束）
午夜	晨經	Matins（*matutinae*）

這些日課時辰規範了所有其他活動的時間。配合它們，每天起床、睡覺的時間永遠是固定的。工作、讀經和用餐的時間也是一成不變的。

根據本篤會規，沒有遵守生活時間表是要受懲的。睡過頭是一種罪過：「務須自我警惕，謹防此舉發生。」任何人都不許擅自休息吃點心：「切勿在規定的用餐時間之前或之後自取飲食。」錯過了神聖日課的開始時間必須受懲[11]——參與日課必須絕對準時，唯一的例外是夜課經，只要在讀第二首聖詩之前抵達即可（彷彿這在規定上已算是格外開恩）[12]。

清教徒倫理把時鐘從隱修院帶進日常生活，創造了現代勞工及其工作場所和工作時間等概念。自此之後，富蘭克林在自傳中所說的話便完全適用於任何人：「我的事情，每一件都配有它應得的時間。」儘管有了新科技，資訊經濟社會絕大部分還是奠基於日課時辰的概念上，幾乎不容許個別差異。

這是一個奇怪的世界，而轉變至此的過程並不是全無抵抗的。社會史學者愛德華・湯普生（Edward Tompson）在〈時間、工作紀律與工業資本主義〉（"Time, Work-discipline, and Industrial Capitalism", 1967）[13]一文中，描述轉型至工業社會時所經歷的困難。舉例來說，他提到中世紀的農民習慣於事務取向（task-oriented）的工作，在他們傳統的想法裡，最重要的是完成工作，天氣變化固然會設下外在的限制，不過除此之外，人們自可依個人習性做事。相反地，工業社會的工作形態是時間取向（time-oriented）的：工作是根據它所使用的時間來界定。正是這個依據時間而非事情本身來定義工作的觀念，讓工業時代以前的人感到陌生，而且排斥。

新資訊科技帶來的希望是，它或許能夠造就出新的事務取向的工作形態；但很重要的一點是，我們必須謹記，這種願望並不會自動實現。事實上，在目前，透過諸如打卡鐘之類的設備，新科技反倒被用來更嚴密地監控員工的時間。（這種誤用科技的荒謬性，讓我想起在我在印度停留時，那頗具教育意義的一個月。每天散步時，我逐漸察覺到儘管從早到晚都有清道夫待在街頭，然而街道卻似乎從未變得更乾淨。當我將我的困惑告訴一個印度朋友，並且問到爲什麼這些清道夫的上司不會對此有所批評時，他的回答是，我看待這件事的角度完全錯誤。我誤認爲印度清道夫的工作是打掃街道，但是——他強調——他們的工作並不是掃街，而是要**認認眞眞地以清道夫的身分存在著**！這件事再一次充分表達出打卡鐘背後的意識形態。我所見過最精細的打卡鐘包含有數十種代碼，員工必須使用這些代碼，鉅細靡遺地記錄他們每段時間的活動，包括他們消化系統的狀況，因爲那是他們找藉口休息的最正當理由。這便是將科技運用於時間管理的極端案例。）

創意的韻律

無可否認，我們的企業管理仍然過度專注於外在的工作因素（像是員工的工作時間和地點），而比較忽略如何激發創造力的問題——而這才是資訊經濟中決定公司成敗的關鍵。許多管理人還未了解到下列問題的深刻意義：工作的目的究竟是「做時間」，還是做事？一九七〇年代初期，史丹佛大學人工智能實驗室的列斯·厄尼斯特（Les Earnest）

扼要地陳述駭客對這個問題的回答：「我們試圖用來衡量一個人的標準，是他在一段相當的時間裡（譬如半年到一年）到底完成了什麼，而不是他花了多少時間。」

這個答案可以從實用的和倫理的兩方面來理解。從實用這方面來說，資訊經濟中生產力的最重要來源是創意，永遠在趕時間或朝九晚五的呆板工作方式，是不可能創造出有趣的東西的。因此即使純粹出於經濟考量，容許遊戲和個人的創意風格也是很重要的，否則在資訊經濟時代，採取監控模式的企業文化往往會得到反效果。當然，還有一項重要條件是，要實現任務取向的文化，專案的執行時程不能太短，以至於扼殺個人生活，這樣才有可能眞正培養出創意的韻律。

不過當然，這裡所涉及的倫理層面甚至比實用面的考量更重要：我們在談論的是有意義的人生。工時管理的文化是把員工看作不成熟、無法管理自己生活的成年人。它假設每一個企業或政府機關裡，只有少數人成熟到可以爲自己負責，其餘絕大多數人，如果沒有領導階層持續的指導，就無法做好自己的事。在這樣的文化裡，人們大多覺得他們被迫必須服從。

駭客向來尊重個人。他們一向是反威權的。雷蒙如此定義駭客的立場：「無論何時何地，你都要與威權主義抗爭，否則你和其他駭客就會遭到它的壓迫。」

正當個人價值與自由被以「工作」之名百般削減之時，駭客倫理也提醒我們，我們的生活正維繫在這上面。在我們不斷向前推展的生命歷程中，工作只是其中的一部份，我們一定還有空間可以去追求生命中的其他熱情。改革工作的形式不只是尊重員工，也是尊重人之所以為人的價值觀。駭客並不認同「時間就是金錢」這句格言，他們所信仰的是「這是我的生活」。而當然這是我們的生活，我們必須完整經營的生活，而不只是一個殘缺的測試版。

金錢

3　自不自由，免不免費

正如我們已經看到的，駭客倫理指的是一種質疑社會上盛行的清教徒倫理的新工作觀。我們不難同意駭客所提出的大部分新概念，事實上，雖然清教徒工作倫理在資訊經濟中仍有相當的影響力，但駭客工作倫理似乎也正從電腦駭客的圈子，逐漸散播到整個資訊業界。不過若是談到韋伯的理論中清教徒倫理的第二個重要層面——**金錢倫理**（意指個人和金錢的關係）——各方的反應就比較分歧了。

當談到舊資本主義精神中的清教徒金錢觀時，韋伯寫道：「這種倫理的**至善**（*summum bonum*）」，即在於「賺取愈來愈多的錢」。在清教徒倫理裡，工作和金錢本身就是最終目的。

「新經濟」的「新意」並不在於否定過去以賺錢爲目標的態度。坦白說，我們正活在歷史上最純粹資本主義的時代：過去我們尚有反市場經濟的小小象徵——星期日——來平衡資本主義的潮流；但是現在這個傳統的想法變得如此陌生，我們甚至想把商店僅有的這個休假日也取消，把星期日變成另一個星期五。我們和星期日之間關係的改變，也顯示出從清教徒倫理到新經濟時代的重大轉變：原來被當作休息日的星期日，現在主要成了購物消費的時間。韋伯所描寫的十七世紀清簡清教徒，已經被二十一世紀物質欲望無窮、追逐享樂的消費者所取代。

這表示清教徒倫理內在的核心衝突，已經透過一種新方式得到解決。這種衝突來自於清教徒倫理一方面要求大眾工作賺錢，以促進經濟繁榮，**同時**又把工作視爲責任。問題在於如果一個人眞把工作視爲最崇高的價值，他就不該擔心如何增加收入；而如果把賺錢視爲終極目標，那麼工作只不過是手段，而不會是最高價值。在舊的資本主義中，解決這個衝突的辦法是把工作置於金錢之上，這點也反應在爲什麼多數人傾向把**清教徒倫理**（Protestant ethic）一詞理解爲**清教徒工作倫理**（Protestant work ethic）。

在新經濟中，工作仍是一項獨立的價值，但重要性卻排在金錢之後。當然，還是有很多人認爲工作的價値高過金錢，而我們的社會也仍然傾向譴責無所事事的人，即使他們已富有到根本毋需工作亦然。但是新經濟社會中財富累積的方式，使得工作和金錢的天平正在漸漸朝金錢的方向傾斜。商業交易所獲得的利潤（亦即股利），變得愈來愈不如資本的成長（股價的增値）重要。工作報酬和資本的關係正朝著有利於資本的方向移動。這是股票選擇權、新創公司以配股作爲報酬，以及人們開始偏好投資股市甚於在銀行存款等現象共同造成的結果。相對於十七世紀以工作爲重的清教徒明令禁止賭博，新經濟卻仰賴賭博。

除了提高金錢的地位以外，新經濟也以前所未見的程度，將**所有權**的概念擴展到資訊領域，因而強化了這項資本主義的傳統核心精神。在資訊經濟中，企業透過對專利、商標、著作權、保密協定（nondisclosure agreement）等種種手段來掌控資訊，藉以實現賺錢的目標。他們極爲嚴密地保護資訊，以至於當我們拜訪資訊科技公司時，很難不覺得那些保護資訊的大鎖讓整棟建築看起來就像一座高度戒備的監獄。

駭客精神強調開放性，恰與這股重新復甦的清教徒金錢觀形成強烈對比。如前所述，根據駭客的「行話檔」，駭客倫理包括了相信「資訊的共享是一種具有強大力量的美德。

藉由撰寫自由軟體，將他們的專業技能分享給大眾，是駭客的道德義務。」隱修院可說是歷史上率先控制資訊流通的機構——本篤在會規中，將聖經中的一句話提昇至信條的地位，而這句話用到許多新經濟企業體的身上也頗爲恰當：「我閉口不言，連對好事我也持守了緘默。」在隱修院裡，「好奇心」這個驅策資訊自由流通的動力，被視爲是罪過❶。相對而言，駭客倫理的前身則是學術或科學倫理。科學社會學家羅伯・默頓（Robert Merton）談到文藝復興時期科學倫理的發展時，強調它的一項奠基石是「共產主義」（communism）的觀念，亦即是，科學知識必須公開的共同體認❷。這個文藝復興時代的想法來自於第一個科學社群，柏拉圖「學院」，所秉持的學術倫理。而柏拉圖等人所強調的正是 *synusia*——自由分享知識的共同求知行爲❸。

許多駭客遵循這種精神，公開傳播他們創作的成果，讓其他人使用、測試並繼續改進。網際網路的發展是如此，Linux 也是另一個很好的例子，它是由一群駭客利用他們的空閒時間合力完成的。爲了確保 Linux 能夠自由開放地發展，托瓦茲從一開始就「釋出」了他對 Linux 的著作權。（「釋出著作權」（copyleft）是一種使用授權方式，這個詞彙源自於史托曼的GNU計劃，它可以確保任何人都能自由使用並且進一步改良其軟體❹。

copyleft 一詞得自於史托曼所收到的一封信，寫在信封上的一行字：「著作權沒有：撤回所有權利。」）[5]

金錢不是動機

當賺錢的動機愈來愈強烈，而導致愈來愈多的資訊受到封鎖，我們很驚訝聽到駭客們解釋，他們之所以會著手進行一個像 Linux 這麼龐大的計劃，其動力並非來自金錢，而是因爲想把自己的創造成果貢獻給別人。在本書的開頭，托瓦茲便提出「Linus 定律」，說明這種駭客精神乃是出於一種普遍的人性動機。他簡單談到三個關鍵的動機，分別稱作**生存動機**、**社會動機**和**娛樂動機**。他只簡短提到生存動機，它是實現上層動機的前提，也是三者中最低的一個層次。另外，托瓦茲所說的**娛樂**意義等同於本書所指的**熱忱**：它指的是受到本質上有趣、吸引人、並且令人愉快的東西所驅使的狀態。

社會動機則包括了歸屬、得到嘉許和被關愛的需要。我們不難同意這些都是很基本的力量；每個人都需要屬於某一個群體，感覺被接納。但只是被接納還不夠：我們還希望我們的所作所爲被認可、肯定；除此之外，我們也需要更深的情感經驗，那就是愛人與被愛。換句話說，人類需要感覺自己和一些人都同屬於一個**我們**，需要在某個社群中感覺自己是受到肯定的**他或她**；也需要感覺自己對另一個人而言是個獨一無二的**我**。

自六〇年代以來，許多駭客就已經表達了類似的看法。例如一九八六年，沃茲尼克在從加州大學柏克萊分校畢業時的演講中，談到他的行事動機：

> 你在生活中所做的每件事都是爲了求得幸福。……這是我的生活定理，……其實是個很簡單的公式：
>
> $H = F^3$。幸福（happiness）等於食物（food）、樂趣（fun）和朋友（friends）。

（在沃茲尼克的用語裡，**食物**等同於托瓦茲所說的**生存**，朋友等同於托瓦茲的**社會生活**，而**樂趣**則等同於他所謂的**娛樂**。）

另外，這些駭客的觀點也非常近似心理學上，一些對人類基本生活動機的分類，尤其是馬斯洛（Abraham Maslow）在《動機與人格》（*Motivation and Personality*, 1954）與《關於存在的心理學》（*Toward a Psychology of Being*, 1962）兩本書中所描述的五種層次的需求。這個心理體系通常被表成金字塔形，愈往上代表愈高層次的動機。在最底層是生理需求，亦即生存的需求，它和第二層，安全感的需求，息息相關。第三層需求是社會歸屬感與愛，它又和第四層，得到社會嘉許的需求，密切相關。最後，最高層次的需求則是自我實現。我們不難看出，托瓦茲提出的生存、社會以及娛樂三項生活動機，和馬斯洛的金字塔模型是相應的。

雖然這種簡化不免忽略了人類行爲其他諸多複雜的心理面向，不過，儘管有著這些理論缺陷，托瓦茲和馬斯洛的模型還是頗能說明這些駭客的行爲動機和清教徒倫理是如何不同。「生存」或「你必須做事賺錢，才能生活」——這是許多人被問到他們爲什麼工作時會給的答案（被問到這個問題時，他們通常會顯得有些困惑，好像這根本毋需解釋）。但嚴格說來，他們所指的並不只是吃飯、求溫飽之類最基本的事情；他們所說的生存其實是某種由社會所界定的生活形態：他們工作不只是爲了求生存，也是爲了要滿足該一社會所塑造的社會需求。

在我們這個深受清教徒倫理影響的社會裡，工作其實是社會認同的來源。在十九世紀哲學家聖西蒙（Henri Saint-Simon）的清教徒理想社會藍圖中，我們可以看到一個極端的例子：他提出，只有工作的人才可被視爲公民。這樣的想法與古代理想社會的藍圖恰成完全的對比，以亞里斯多德的《政治學》爲例，在他的理想社會裡只有不需要工作的人才值得享有公民權❻。在我們的社會，儘管有些工作本身並不涉及社會互動，但社會認同仍然是超越養家糊口以外，一個重要的工作動機。

當然，人們對歸屬感的需要，幾乎在每一種工作環境中都可以實現，因爲在工作的時候，他們可以有機會和同事、客戶談話與交流。他們可以彼此閒聊，討論生活狀況，或者批評時事。如果工作表現良好的話，人們還可以從職場中獲得自我肯定。工作場所甚至也是發展戀情的好地方。自然，這些社會動機早在清教徒倫理興起之前已和工作夾纏在一起，不同的是，清教徒倫理帶來了一種新的、獨特的方式來實現這些動機。在由清教徒倫理所宰制的生活中，人們很少有機會結交工作環境以外的朋友，也沒多少其他地方可以發展戀情。(試想想辦公室戀情發生的頻率，再想想有多少人是從同事中，或在工作相關的環境裡找到終身伴侶。) 在這種生活形態之下，工作以外的生活通常無法提供個人歸屬感、社會認可與愛情；而在以往，這些是能夠從居家或休閒生活中得到的。如此一來，工作很容易就變成家的代替品——這並不是說，現在工作可以在輕鬆的「家庭」氣氛之下進行，而是人們需要透過工作來滿足這些社會動機，因爲工作至上的態度已經侵犯並且併呑了休閒生活。

在駭客的圈子裡，社會動機扮演著很重要的角色，但採取的是非常不同的方式。如果不考慮背後強烈的社會動機，我們很難眞正了解，爲什麼有些駭客願意用他們的休閒時間來撰寫供大眾自由使用的軟體。雷蒙認爲，驅使這些駭客的是**同儕認可**的力量。對他們而言，得到具有相同志趣的其他駭客的嘉許，比賺錢更重要，也更令人滿足，這情形就和學術界裡的學者一樣。清教徒倫理與此最大的不同點是：對駭客而言，同儕認可並不能取代志趣本身——認可必須是志趣充分實踐之後的**結果**，是他們創造出有益於整個社群的成品之後，才隨之而來的肯定。清教徒倫理的情況則恰恰相反：社會施加的驅策力量往往讓人忽略了工作應該也包括自我實現。清教徒倫理強調工作的社會特質，於是工作成了雙重代替品：它既塡補了工作以外社交生活的空虛，**並且**也塡補了工作中自我實現這個要素的缺乏。

正是因爲駭客將社會認可和自我實現兩個層次結合在一起，使得他們的模式如此強而有力。駭客實現了一些非常重要的東西，那就是最能讓人感到滿足的社會動機及其潛在的可能性。就這點，駭客的行動正駁斥了一般人認爲駭客不合群、自我中心的刻板印象——這種印象向來就不太正確。(知名學者馬文·明斯基〔Marvin Minsky〕所主持的人工智能實驗室是麻省理工學院第一個出駭客的地方，他或許是思考著同樣的現象，甚至如此描述這些駭客：「和人們的成見相反，駭客其實比一般人更合群。」)

清教徒倫理對工作和金錢的追求，也是基於同樣的三項社會動機。但是對它而言，社會需求的滿足得要透過金錢和工作的中介，而不是直接來自活動本身和創作成果，因此它無法帶來相同的效用。其結果是，當社會動機無法和個人熱忱結成同盟時，它便轉而和生存結盟，人生於是變成專注在「討生活」。

像托瓦茲這樣提倡熱忱和社群的駭客，認爲這種只在最低層次求生存的生活是很奇怪的。我們的確有理由感到納悶：爲什麼儘管科技不斷進步，人們的生活總還是圍繞在所謂的「養家糊口」？這些驚人的科技發展不是應該把我們的生活從求生存提升到更高的層次嗎？也許我們應該這樣來看待這段科技進展的歷史：它並沒有讓我們的生活更輕鬆，反而是讓養家糊口變得日益困難。誠如中國哲學家林語堂所云，在清教徒倫理彌布的社會裡，「文明大約是尋覓食物的問題，而進步便是使食物越加難於得到的一種發展。」❼

爲了獲得高收入而選擇某個科系或應徵某個工作，以及先思考自己到底想做什麼，想過怎樣的人生，再來考慮如何以此維生；這兩者是大不相同的。對像托瓦茲這樣的駭客來說，生活的基本要素並不是工作或金錢，而是自我實現的熱忱，以及想要創造有益於社會的事物的欲望。

生涯規劃的問題是非常重要的。當一個人以賺錢爲人生的主要目標時，便常常會忘記他眞正的興趣到底是什麼，或者他其實想要如何得到他人的肯定。人生的起點，應該是以能夠求得溫飽、乃至靠它賺錢的個人興趣爲志業，倘若一開始心裡就只想著賺錢，那麼就難再去發掘生活中其他的價值。後者的情形就會像：我覺得目前所做的東西很無趣，其他人可能也會覺得它同樣無趣；而爲了要能把它推銷給其他人，我必須說服大家相信，這個其實無趣的東西畢竟還是有點趣味的（大多數的廣告做的正是此事）。

資本主義駭客觀

話雖如此，大家可不要以爲駭客對金錢所抱持的是理想化的烏托邦式看法，或是完全嫌惡的態度。最原始的駭客倫理所在乎的主要是，我們什麼時候可以讓金錢介入，成爲工作動機的一部份，而在哪些時候應該避免金錢的負面影響。駭客們並不天眞，他們不是不知道，在資本主義社會中，除非一個人有充分的資本，否則很難享有完全的自由。資本家藉由金錢取得管理他人生活的權力。一般人之所以無法自由依照個人的興趣工作，正因爲他是在爲別人工作，於是就失去了決定個人生活節奏的權力，也因而沒有能力實現開放自主的理想。如果是一個有權力的資本家的話，他就可以決定自己的人生。

因此我們可以看到許多駭客採取了「資本主義駭客觀」(capitalist hackerism)的態度。他們有些只是暫時參與傳統的資本主義：這些駭客透過創業，或做幾年和他的興趣相近的工作，賺取股份或股票選擇權，以獲得經濟獨立。沃茲尼克就是一個很好的例子：他二十九歲的時候，從當時創立僅六年的蘋果電腦退休，當時的他擁有價值約一億美元的股票。（這還是他爲了想在企業內更平均地分配財富，而把相當數量的股份以頗低的價格賣給一些同事以後的數字。）多虧了他的經濟獨立，沃茲尼克從此得以自由地做他想做的事。他描述離開蘋果電腦之後的生活：「我請了會計師和秘書來處理一切，於是我可以把所有的時間花在我喜歡的事情上，那就是電腦、學校和孩子。」離開蘋果以後，沃茲尼克決定再回大學修課，以實現他教育新一代駭客的理想。（他現在在當地學校和自己家裡教導兒童使用電腦。）

也有一些駭客認爲：當一個駭客，最重要的是能夠維持工作熱忱，以及安排個人時間的自由；只要能得達成這兩點，持續透過傳統資本主義賺錢並無不可。許多知名的科技企業即是很好的範例。譬如一九八二年成立、以設計網路工作站起家的昇陽微系統（Sun Microsystems），創辦這家公司的有來自柏克萊的比爾・喬依（Bill Joy），以及三個史丹佛大學的學生，其中包括德裔的電腦鬼才、綽號「安迪」的安德亞斯・貝希托斯漢（Andreas "Andy" Bechtolsheim）。公司的名字昇陽（Sun），是貝希托斯漢曾經參與過的「史丹佛大學電腦網路」（Stanford University Network）的字首縮寫。貝希托斯漢回憶當初創業班底共有的熱忱：「我們都只有二十出頭，一起經營一個公司。我們那時才剛認識，但無疑都有相同的熱情。」喬依和貝希托斯漢之後都繼續待在企業界：喬依留下來帶領昇陽，貝希托斯漢則去了另一家也是由駭客創辦的企業——製造路由器的思科系統（Cisco System）。正是透過這些由駭客創辦的科技公司，駭客工作倫理逐漸散播到其他的行業，情形就和清教徒倫理的興起過程類似。根據韋伯的說法，清教徒倫理當初也是從清教徒所創辦、具影響力的企業中擴展開來，而後逐漸成爲資本主義的主導精神。

然而，資本主義駭客觀這個想法仍有其內在的問題。畢竟，**資本主義**和**駭客**這兩個詞彙的原義是大相逕庭的。清教徒倫理強調對金錢的重視，就像資本主義的終極目標是增加資本；另一方面，駭客工作觀強調的則是熱忱而節奏自由的活動。儘管理論上，要兼容這兩種精神是可能的，但實際上解決這個內在衝突的方法往往是，放棄駭客主義而直接採行清教徒倫理的工作信條。

電腦駭客的頭號敵人，比爾・蓋茲（Bill Gates）的微軟，就是一個最好的例子。當蓋茲在一九七五年與人合創這個公司時，他完全是一個像喬依、沃茲尼克或托瓦茲一樣的駭客。他從小就熱愛電腦，他把他所有可能的時間都花在利用當地「電腦中心公司」（Computer Center Corporation）的電腦寫程式。蓋茲甚至在並未直接使用 MITS Altair 電腦的情況下，就寫出在它上面執行的 BASIC 語言直譯器，也居然能用！此舉為他贏得其他駭客的敬重。蓋茲和他的朋友保羅・艾倫（Paul Allen）共同創辦微軟，一開始只有一個明確的意圖，就是要做出個人電腦的程式語言編譯器。這是非常典型的駭客理想，因為當時只有駭客會在個人電腦上寫程式❽。

然而在微軟後來的發展過程中，金錢動機卻超越了熱忱。由於資本主義駭客精神和清教徒倫理一樣都以獲取最大利益爲目標，這點必然會影響、甚至支配一個企業的工作倫理。當金錢本身變成最終目的，熱情便不再是選擇工作時的一項重要指標。要不要做某一個案子，得看它能否帶來最大收益。於是，社會認可遂轉爲取決於一個人的權力位階，取決於一個人在組織中的地位以及他的個人財富。

度過了微軟的草創階段之後，蓋茲偶爾會以更接近清教徒而非駭客精神的口吻，談到他對工作的態度，譬如他曾說過：「如果你不喜歡賣力工作，不喜歡壓力，不喜歡全力以赴，那麼這兒不是適合你工作的地方。」

自由與共享的「烏托邦」

面對結合駭客主義和當前的資本主義的問題，一群駭客正朝著新方向，擁護一種新的經濟形態，那就是採用開放模式來開發軟體的所謂「開放原始碼企業」（open-source enterprise）。在這種模式中，就像 Linux 開發商「紅帽」（Red Hat）公司所示範的，任何人都能自由地從研究程式的原始碼中學習，甚至進一步修改程式，寫成自己的產品。這些公司的精神導師就是話題人物理查・史托曼，他以思想極端著稱，甚至連許多開放原始碼公司都寧可在私人關係上和他保持距離。史托曼為網際網路所錄製的「自由軟體之歌」（Free Software Song），非常貼切地表達了他毫不妥協的態度：

加入我們來共享軟體；
你們將會自由，駭客們，你們將會自由。
（重覆）

聚斂者或可得到大把鈔票，
的確如此，駭客們，的確如此。
但是他們不願幫助鄰人；
這可不行，駭客們，這可不行。
當我們有足夠的自由軟體，
任憑取用，駭客們，任憑取用，
我們將丟掉骯髒的使用許可，
永永遠遠，駭客們，永永遠遠。

加入我們來共享軟體；

你們將會自由，駭客們，你們將會自由。

（重覆）

對很多人來說，乍聽之下這或許很像共產主義，甚至烏托邦主義，但再仔細分析，我們會發現它其實兩者皆非。儘管歌詞的語氣聽來明顯有反資本主義的意味，但史托曼的駭客主義其實並不如此反對資本主義。史托曼說，歌詞裡**自由軟體**（free software）一詞中的「free」以及他在其他更嚴肅的文章裡用到的free，意思都不是指「免費」（free of charge），而是「自由」（freedom）。他建議把這裡的free理解成**自由言論**（free speech）的「自由」，而不是免費啤酒（free beer）的「免費」[9]。史托曼版的駭客金錢倫理並不反對**賺錢**，它反對的是透過**管制資訊流通的方式**來賺錢。他提出的是一種新的自由市場經濟：這裡的**自由**市場經濟比起一般資本主義的語彙要有更深的涵義，不過仍不脫資本主義經濟的範圍。也正是這種激進的想法，讓許多開放原始碼公司覺得難以接受，他們寧可從純粹務實的角度來看待他們的開放模式：他們之所以在這些專案上選擇採用開放原始碼模式，只是因為它在技術上和經濟上都較傳統的封閉模式（closed model）更好；否則，他們仍然比較偏愛封閉模式⓾。

從史托曼的道德角度來看，問題的層次還高過這些執行面的技術考量。他要問的是，目前絕大多數公司限制資訊的作法在道德上站得住腳嗎？不能因為它是現行模式，就認為它是對的，或者以為已經得到了有力的支持論點。到目前為止，我們難得聽到有人願為現行作法提出在理性上令人滿意的說法。任何嚴肅的討論都必須處理資訊時代的許多根本問題，例如，封閉資訊很弔詭地卻依附在開放資訊系統之上。這個弔詭是我們時代的中心問題：事實上，如果認眞看待科技公司多麼倚賴屬於公眾的研究發明，我們甚至可以說，新資訊經濟的企業面對的矛盾是，唯有大多數的研究人員持續扮演（默頓所謂的）「共產主義者」，企業才有可能得到資本主義式的成功。只有讓科學知識公開化，那麼附加其上的一些小小的機密知識，才有可能帶來驚人的私人利益。造成此一弔詭的原因是，當前網際網路社會的形成事實上並不只受到資本主義的影響，它至少在相同的程度上也受到科學「共產主義」的影響。一個史托曼式的駭客可能會受到啓發而宣稱：「現在的資本主義完全是剝削科學共產主義的結果！」資本主義式的企業接受並使用所有其他人創造出來的成果，卻緊抓住自己生產的資訊，這便形成了道德上的問題。這個問題隨著資訊時代的進展日漸惡化，因爲現在產品的價值有愈來愈大的部分，其實是源自於整個科學界共同創造出來的研究成果。

另一種自由市場經濟

這種極端形式的駭客倫理向我們提出的問題是：是否能有一種自由市場經濟，其中的競爭不是基於對資訊的控制，而是其他因素？是否能有一種讓企業在別的層次上競爭的經濟模式（而當然，也並不只限於電腦軟體公司，還包括其他產業）？要回答這個問題，我們不能只是輕率地找一個簡單而不徹底的因應之道，說這是新的共產主義；我們已經看到，這是行不通的。因爲它並不眞的是**共產主義**：共產主義存在著一個極權中心，共產主義是一種由政府控制的計畫經濟——而這和駭客是完全不相容的。（因此，默頓選擇用**共產主義**一詞來描述科學倫理的這項重要特質並不很恰當。他想藉此表達的是一個完全不同的概念，他所指的是其實是資訊的開放性。）

除此之外，駭客工作倫理不但反對資本主義工作至上的態度，它同時也反對共產主義中相同的特質。我們必須記得，儘管資本主義和共產主義有許多不同點，但歷史上，兩者皆起源於清教徒倫理。正如社會學家彼得・安東尼（Peter Anthony）在《工作的意識形態》（*The Ideology of Work*）一書中所說的：

所有我們在〔資本主義背後的〕清教徒倫理中看到的要素：工作、計量、理性主義、物質主義，也都存在〔於共產主義之中〕。而且它們並不只是含混不清的思想替代品，用來頂替其他一些較爲通行的觀念，而是具有排他性的最高指導原則。

從這個角度來看，一個捲起袖子的大型企業執行長（CEO），和一個在田野裡揮動鐮刀的蘇維埃勞動英雄，兩者並沒有很大的不同：他們都是工作至上精神的堅強擁戴者。迄今爲止，資本主義、共產主義和新資訊經濟，不過都是在傳播它們各自認爲最純粹的清教徒倫理。

任何形式的駭客金錢倫理，都是對所有現存體系的質疑。駭客社群對這些大哉問還沒有一致的解答，但即使只是在資訊經濟的核心，率先掀起對這些問題的討論，也已經是一種夠徹底的質疑了。

4 開放的學院，封閉的隱修院

在原始的駭客金錢倫理裡，他們將創造成果自由地供人使用、測試和修改，這種開放模式挑戰了新經濟的指導原則，也就是要「理性而有系統地追求利潤」（這個韋伯對舊資本主義的描述，至今仍然適用於我們的時代）。對最早那一批出身於麻省理工學院的駭客來說，這種開放模式的理念甚至和駭客的工作觀一樣，都是駭客倫理的重要界定因素。但是現在「行話檔」中卻說，這個自由開放的道德理想只是「廣泛地，但不是一致地」被駭客們接受。

雖然就本書的角度而言，對駭客主義倫理方面的討論是有意義、也最主要的，但是它的另一個較務實的層面，也是同等重要而且有意思的。就像在討論熱情和自由的工作倫理時，我們可以加入比較現實的觀點，提出在資訊時代最能有效促進科技創新的方法，是允許輕鬆、遊戲般的工作態度，並且讓員工能依照個人的節奏工作。同樣地，我們也可以說，開放模式不只在道德上站得住腳，在實踐上，它也是很有說服力的。（事實上，「行話檔」中就說，它是一種「**力量強大**的美德」。）我們有必要從這個角度更仔細地討論駭客對開放性的想法。網際網路的發展即是一個很好的例子，但是把自由開放的理想推到極致的 Linux 計畫，則是更好的範例。在瞭解了這個促成網際網路和 Linux 的強有力的模式以後，我們便可以思考應該用什麼方式，來把這個模式應用到電腦軟體以外的其他領域。

大教堂與市集

托瓦茲於一九九一年，當他還是赫爾辛基大學學生的時候開始寫 Linux。在對作業系統產生興趣之後，托瓦茲在自己的電腦裡安裝了由荷蘭的計算機科學教授安德魯・泰納鮑姆（Andrew Tanenbaum）所寫的 Minix 作業系統（一種在PC上執行，類似 Unix 的作業系統）。他研究 Minix，把它當成研發的參考架構，從而設計出他自己的作業系統。

托瓦茲的工作最大的特色是，從一開始，他就邀請別人參與他的計畫。一九九一年八月二十五日，他在網路上貼了一個標題爲「你最想在 Minix 裡看到什麼？」的留言，在裡面他宣佈他正在「寫一個（免費）的作業系統」。他從回信中得到好些想法，有些甚至還答應幫忙測試。這個作業系統的第一個版本在一九九一年九月在網路上發表，原始碼完全自由供所有人使用。

很快地，下一個修改過的版本在十月初公開。托瓦茲然後更直接地邀請其他人參與撰寫他的新系統❶。他在網路上貼了一則留言，詢問一些相關資料的出處，得到答案後，他的工作便快速地向前推進。一個月以內，就有其他的工程師加入，從那時候起，整個 Linux 的研發網絡就以驚人的速度成長著。目前已有數千名程式設計師參與 Linux 的開發，而且人數仍在穩定成長中。它有數百萬個使用者，而這個數字也仍在持續增加。任何人都可以參與它的研發，任何人都歡迎自由使用。

爲了協調他們的工作，Linux 駭客們充分利用了整個網際網路工具箱：電子郵件、郵寄名單、新聞群組、檔案伺服器和網頁❷。開發工作也被分成幾個獨立的模組，從中駭客們可以比賽寫不同的版本。然後，一個由托瓦茲和其他幾位主要工程師組成的小組再決定要把這些版本中的哪一個納入新版的 Linux 裡（當然，模組式的結構也是逐漸發展而成）。然而，托瓦茲的小組並不是永遠握有決定權。只有當小組的選擇呼應了整個駭客族群的選擇時，它才能保有它的權力。如果最後證實小組的選擇不夠明智，其他駭客們就會略過原來的領導人，依照自己的方向進行計畫。

爲了要控制 Linux 的持續發展，它的版本編號被分成兩個序列。在適合一般使用者的穩定版，版本編號 x.y.z 裡的 y 是偶數（例如 1.0.0 版）；而針對程式設計師的開發中版本裡的 y 則會比穩定版多 1（例如穩定版 1.0.0 修改後，但尚未經最後測試的開發中版本，它的編號就會是 1.1.0）。只有當程式經歷重大變動時，x 才會增加（在本書寫作時，最新的版本是 2.4.0）。這種簡單的模式在整個研發管理的過程中，運作得出乎意料的好。

在原來發表於網路上的著名文章〈大教堂與市集〉（"The Cathedral and the Bazaar"）中，雷蒙把 Linux 的開放模式和絕大多數公司所偏愛的封閉模式分別喻爲市集和大教堂，以此來比較兩者間的不同。雖然雷蒙本身是個科技人，他強調 Linux 眞正的革新是社會性的，而不是在科技上：是在於它所發展出來嶄新的、完全開放的社會行爲。用他的語彙來說，就是從大教堂轉變爲市集[3]。

按照雷蒙的定義，大教堂這種研發模式指的是由一個人或一小群人事先規畫一切，然後在他的指揮下實施計畫。研發的過程是關起門來進行的，其他人只看到「完工後」的結果。相反地，在市集的模式裡，觀念形成的過程是完全對外開放的，所有的想法一開始就公開地接受他人檢驗。在這裡，觀點的多樣性是很重要的：如果種種構想在萌芽階段時被廣爲散播，則還可以從他人的想法和批評中受益。反過來說，當一座大教堂建造完成，呈現在大家面前時，它的基礎卻再也不可能改動了。在市集裡，人們嘗試各種不同的方法，而當某個人有了一個絕佳的構想時，就會被其他人採用，並且由此改進。

一般說來，我們可以這樣描述這個開放原始碼模式：它完全是起於某人認爲重要的問題或目標。那人可能只會公開宣布他的問題或目標，但通常，他也會提供一個解決方案——用 Linux 的編號系統來說的話，就是版本 0.1.1。在開放模式裡，看到這個解決方案的人有權自由使用、測試並且修改它。而要實施這個做法，只有將寫成這個解決方案的資訊（如原始碼）也一併公開才有可能。在開放原始碼模式中，伴隨這些權利而來的是兩項義務：第一，當原來的或修改過的版本（0.1.2）被發表的時候，它的原始碼也要公開，讓其他的使用者同樣享有自由使用、測試和修改的權利；第二，任何一個版本都必須明白列出所有參與撰寫的人。這完全是一個分享的過程，參與者在其中逐步創造出更好的版本；有時候，發展甚至可以大步跳躍向前（例如，從版本 0.*y*.*z* 直接跳到版本 1.*y*.*z*）。當然，不同的計畫在實際運作時，或多或少會對這個理想模式做些調整。

學院與修道院

這裡我們又可以再一次拿學院來與開放原始碼模式做類比，因爲它比起之前市集的比喻還要更貼切。在學術界裡，科學家也把他們的研究成果公開供他人使用、測試，並且進一步發展。他們的研究是基於一個開放並且自我修正的過程。羅伯・默頓特別強調自我修正的概念，他把它叫做**有條理的懷疑論**（organized skepticism），並認爲它和開放性同爲科學倫理的重要基石——在歷史上，這是柏拉圖「學院」的 *synusia*（意指知識自由分享）精神的延續，而這個精神正包含了透過批判性的對話以求得眞理的信念❹。科學倫理帶來的是一種由眾人共同發展科學理論的模式，在其中，理論的缺陷透過整個科學界的檢視和批評，得以逐漸辨認出來並予去除❺。

當然，科學家選擇這個模式，並不只是基於道德上的理由，而是它已被證明是建立科學知識最成功的方法。所有我們對自然界的理解都是奠立於這樣一個學院或科學模式之上。駭客的開放原始碼模式之所以能如此有效地運作，除了因爲他們和科學家一樣，都充滿熱忱並且重視來自同好的肯定；另一個重要原因似乎是，它在很大的程度上正符合學術界最理想的，也是歷史上證實最適合資訊創造的開放模式。

廣義來看，我們也可以說，在學院裡，研究的起點通常也是源於研究者發現了他們覺得有趣的問題或目標；有了問題以後，他們便提出自己的解決方案（雖然許多時候，問題的陳述或研究計畫的提出，本身就已經相當有趣）。學術倫理要求讓任何人都可以來使用、批評並且進一步發展這個解決方案。比起最後的結果，更重要的是導出解決方案的過程中所使用的資訊，以及它的推論過程。（比方說，只發表 $E=mc^2$ 這個公式是不夠的，它還需要理論和實證上的支持。）然而，科學倫理並不只涉及權利，它同樣有兩項基本義務：一、引用資料絕對必須註明出處（剽竊是令人不齒的）；二、新的研究成果一定不能私藏，必須再度發表以嘉惠整個科學界。督促履行這兩項義務的力量並不是來自法律，而是整個科學界內部強烈的自我道德約束。

例如，依照這個模式，我們可以說一般的物理研究不斷對現有的成果提出新的增訂

（也就是「開發中的版本」），而當這些新的修正經過測試、驗證以後，科學界就會接受它們，把它們納入科學知識體系（這時「開發中的版本」就成了「穩定版」）。在極爲稀有的情況下，還會發生全盤的「範型轉移」(paradigm shift)，這裡「範型轉移」一詞係取自科學哲學家湯瑪斯·孔恩（Thomas Kuhn）的著作《科學革命的結構》（*The Structure of Scientific Revolutions*）中的用語❻。最廣義來講，物理學界至今只有三個主要的研究範型：亞里斯多德—托勒密物理學、牛頓的「古典」物理學，以及以相對論與量子力學爲基礎的愛因斯坦—海森堡物理學。從這個方式來看，目前的物理理論是 3.y.z 版。（許多物理學家相信第四版即將到來，並已將它命名爲「萬有理論」("The Theory of Everything")。不過電腦駭客們並不會如此急切地期待版本 4.0.0 的到來。）

駭客和學術的開放模式的對立面可以稱爲封閉模式。它不只關閉資訊，同時也是中央集權的。在採用修道院模式的企業中，當權者設定目標，並選擇一個封閉團體來執行。當這群人完成測試後，其他人就只能原封不動地接受其結果。任何不合規定的用法都是「未經許可的使用」。再一次地，修道院的比喻可以很貼切地描述這種作風，這就像四世紀時聖巴西略（Saint Basil the Great）的隱修會規中所說的：「任何人不得過問長上的管理方式」。封閉模式不容許任何會使計畫更有創意、更能自我修正的批評或行動。

我們已經提過，駭客反對階級化的運作，因爲在道德上，這很容易造成一種貶抑人格的文化。不僅如此，他們還認爲無階級的做法是最有效的。從制度分明的傳統企業的角度來看，這個想法乍聽之下相當荒謬。怎麼可能呢？難道不應該有個人爲網際網路和 Linux 的工程師畫張組織圖嗎？有趣的是，同樣的疑問也可以用到科學研究身上。愛因斯坦如何可以從科學家自成組織的混沌亂局中，得出 $E=mc^2$ 的公式？科學難道不應該在一個清楚的層級組織上運作，由一個科學執行長（CEO of Science）統籌領導，下面每一個學科再各指派一個部門首長嗎？

科學家與駭客都從經驗中學到，沒有一個權威組織存在，正是這種模式之所以能夠發揮強大力量的主因之一。駭客與科學家可以直接著手實現他們的熱情，然後和其他具有相同熱忱的人合作共享。這種精神顯然與我們在企業與政府中所看到的大不相同。威權思想在政府機關裡只有比在企業中更嚴重地充斥。在駭客看來，政府部門典型的辦事方法是：在正式展開一項計畫前，先得舉行開不完的會，組織數不清的委員會，撰寫又臭又長的提案報告——這簡直就跟大型企業裡凡事都要先做市場調查，證明合乎經濟效益後，才能進行計畫一樣，同樣都令人苦不堪言。(同樣令科學家和駭客不快的，是大學也開始變得像官僚機構或修道院一樣的時候。)

然而，相較之下較無組織並不表示其中全無組織架構。雖然外表看似混亂，駭客主義其實並不會比科學更混亂失序。駭客和科學計畫都或多或少有它們的領導人物，像托瓦茲，他的工作就是決定 Linux 研發的大方向，並且支持其他人來發揮創意。除此之外，學院和駭客模式都有一個特殊的出版結構。儘管研究結果完全對外開放，但在實務上，哪些成果會被刊登在地位崇高的科學刊物上，是由一小群評判者所決定的。不過，它的制度設計還是能確保，長久下來，是由眞理來決定誰是評判者，而不是由評判者來決定何者爲眞理。與學術界的審稿制度類似，在駭客的圈子裡，只有當評審者的選擇能夠得到整個社群的認同時，他們才能保有其地位。如果做不到這點，其他人就會忽略他們的意見，另闢新的途徑。這表示，在本質上，權威的位子是對所有人開放的，只要你的成就夠大，你就能坐上去——沒有人可以取得終身職。沒有任何一個位階，是坐上之後，從此工作成果便可不受同儕的檢驗；這個運作模式對每個人都一視同仁。

駭客的學習模式

毋庸贅言，早在電腦駭客出現之前，學院就已經有相當的影響力。舉例來說，自十九世紀以來，如果沒有科學理論的支持，各種工業科技的發明（如電力、電話、電視等）將難以出現。在工業革命晚期，我們便已經進入了一個仰賴科學研究成果的社會。駭客帶給我們的提醒是，在資訊時代，比具體科學研究成果更重要的，是能夠促進創造這些研究成果的**開放學術模式**。

這是非常重要的一點。我們甚至可以說，駭客模式之所以能如此成功的第二個理由正是因爲，他們的學習和發展新軟體的方法，都同樣沿用開放學術模式（寫新軟體其實也可以視爲是他們集體學習的新領域）。因此，他們的學習模式和開發軟體的模式同樣有力量。

一個典型駭客的學習過程始於：針對一個有趣的問題，運用各種不同資源來設計出解決方案，然後再進行廣泛的測試。所以，駭客會有高度的熱忱，想對某個課題瞭解得愈多愈好。托瓦茲最初是在從他爺爺那兒接收過來的電腦上，自修學會寫程式。他自己設定問題，然後爲了解決這些問題，去找出他所需要知道的東西。許多駭客都是透過類似的非正式方法，跟著自己的興趣走。托瓦茲的例子讓我們淸楚看到，相對於受傳統學校教育的學童們緩慢的學習速度，一個十歲的小孩有能力學會非常複雜的程式設計——這證明了熱忱在學習過程中的確有絕對的重要性❼。

之後，托瓦茲在一九九一年買了一台個人電腦，在他摸索電腦處理器的過程中，Linux作業系統便逐漸成形了。像典型的駭客一樣，一開始，他寫了一個只輸出字母A或B的小程式來測試處理器的功能。逐漸地，他的計畫擴大成撰寫一個閱讀線上新聞群組的軟體，然後他又設定了更大的目標：撰寫一個完整的作業系統。不過，雖然托瓦茲沒有上課就學會了所有的基本電腦知識，可以算是自學的程式設計師，但他也並非一切全憑自己摸索而得。比方說，爲了要熟悉作業系統，他研究了泰納鮑姆的Minix作業系統的原始程式碼，以及駭客社群所提供的各種電腦資訊。從一開始，每逢遇有尙未專精的領域，托瓦茲就毫不遲疑地向同好求教，這也正是標準的駭客作風。

駭客學習模式的主要力量在於，每個駭客都可以把所學的新知教給其他人。當駭客研究某個程式的原始碼時，他們通常會把它再進一步發展，於是其他人可以從他們所寫的東西裡頭學習。當駭客查看網路上的資源時，他們通常會根據自己的經驗，又再加入一些有用的訊息。針對各種不同的問題，富有建設性的批評討論不斷持續著，而參與這些討論的報酬便是來自同儕的肯定。

我們可以將駭客的開放學習模式稱爲他們的「網路學院」（"Net Academy"）。它是由學習者自己創造出來的一個持續演進的學習環境。駭客採用的這種學習模式有很多好處：在駭客世界裡，傳授或是匯編這些資訊來源的，通常都是剛學會這些東西的人。這樣的好處是，比起對這個主題已經非常熟悉，甚至已不太能掌握新手的想法的專家，一個剛開始研究某個主題的人，反倒更適合教授初學者。要一個專家去領會初學者的感覺，往往迫使他不得不把知識做不同程度的簡化，而基於學術的理由，他們通常會抗拒這種簡化。此外，專家們也不太能從教授基本知識中得到滿足。但如果由學生來做這樣的事，他卻能得到莫大的成就感，因爲他們只有偶爾才能享受做老師的感覺，而且也難得有充分的機會發揮他們的聰明才智。此外，教學的過程自然包括了要對主題做完整明確的分析，因此如果一個人可以成功地把某些東西教給其他人，那表示他自己一定已經對這些材料有清楚的認識。在準備材料時，他得事先仔細考慮別人是否會有進一步問題或其他反駁的意見，因此也就透澈地思考了他研究的主題。

又一次，我們可以說這個駭客模式非常近似柏拉圖的「學院」，在其中，學生並不被看成是接收知識的對象，而被當做學習的夥伴（synetheis）。就「學院」的觀點，教學的中心任務是要增強學生引發問題、發展思路和提出批評的能力，所以老師被比喻成接生婆❽、媒人❾和討論餐會的司儀❿。老師的工作並不是要灌輸學生既成的知識，而是要幫助他們找到自己的起點，去創造自己的東西。

同樣的，在駭客社群中，所謂的專家亦僅視自己爲學習者，只因爲有較深的知識，所以能夠扮演牛蠅，接生婆和討論會的司儀等角色，刺激別人的學習與進步。

網路學院

原始的學院以及駭客模式完全不同於隱修院（以及學校）所奉行的精神。柏拉圖的想法可以適切地概括前者：「自由人之學習，概不宜採奴隸之法。」本篤的隱修會規則可以概括後者：「發表意見和教誨的職責屬於師長，門徒只宜緘默與傾聽。」諷刺的是，我們當代學院裡的學習結構，正傾向於模仿隱修院內單向傳授接收的模式。更顯尷尬的是，當各學校紛紛設立「虛擬大學」（"virtual university"）時，其結果只是建立了電腦化的隱修院學校。

十七世紀的科學革命原意是要揚棄中世紀的刻板學風，取代以不斷努力追求新知的科學精神。然而，大學教育卻保存了中世紀修院的教學模式和階級組織——這點單從用字就可以看得出來（例如，「學院院長」〔dean〕這個字原來就是隱修院裡的一個職稱）。科學革命在四百年前發生，但它尚未成功地反應在我們的大學裡，使它們成爲鼓勵進行個人研究的學習場所。我們竟然期望刻板的教學方法可以製造出能夠獨立思考並且創造新知的現代人，這難道不奇怪嗎？

駭客學習模式更重要的一點在於，它提醒了我們學術發展和學習模式兩者之間的密切關係；瞭解了其間的關聯之後，我們便可以開始思考未來的可能性。我們也可以本著這個想法，創造一個普遍化的網路學院，在裡頭所有的教材都可供任何人自由使用、評判和發展。由於大家合力朝著新方向改進現有的資料，這個網絡將會不斷生產更好的資源，以供研究手邊的問題。網路學院成員的學習動力則是來自於對各種主題的研究熱忱，以及同儕間對他們的工作成果的肯定。

如此一來，要在網路學院裡獲得學分的唯一方式，就是繼續促使研究資源能夠不斷被開發、討論和檢證；而根據此一精神，它應該將最高榮譽頒發給那些證明對整個學習團體最有貢獻的研究。此外，駭客的閱讀方式強調的是如何批評與改進研究材料，是一種自我啓發式的閱讀，這種方式也會比目前只是純粹讀教材的傾向更有助於學習。

網路學院將會依照駭客模式，創造出從初級學生到頂尖研究員一整個連貫的體系。學生們的學習方式是：一開始先做研究學習生，和研究員進行討論；之後便可以直接研讀相關領域的研究出版品。

在網路學院裡，每一次的學習活動都會永遠嘉惠所有其他的學習者。無論是單獨或是集體學習，每位學員都會爲大家共享的資料加入一些新東西。這和我們目前可拋棄式的學習有很大的不同，現在的做法是，每個學生都從基礎學起，各自用功而很少和其他學生交流，大家考相同的考試，完全沒有機會從別人的觀點中受惠。更糟的是，考完試以後，主考官基本上就會把所有的個人意見通通丟到垃圾桶裡。這樣的做法，和一群研究員決定把他們一整個世代所有的研究成果都丟掉（「我了解了，$E=mc^2$。那又怎樣呢——丟！」），讓下一個世代重新開始，是一樣的荒謬⓫。

不消說，要具體實現網路學院還有許多困難。比方說，在駭客和研究人員的世界裡，要共同創造教材，就需要一個指導結構，否則，當材料朝著新方向不斷被改寫和擴充，相互競爭的版本就出現了，這種情況在駭客和科學研究的領域中屢見不鮮。目前駭客已經發明了所謂的共時版本編號系統（concurrent-versioning system），來解決由此產生的實際問題：共時版本讓人可以看出新出現的競爭版本彼此之間，以及和既有版本之間有何不同。在較理論的層次上，我們可以透過仲裁來解決版本競爭的問題。透過共時版本的幫助，一個自組的仲裁團體可以在各個競爭版本之間做選擇，必要時也可將它們結合起來。

在瞭解了駭客學習模式的重要性之後，還要繼續用我們目前的教學方法，只告訴學生結果，而沒有讓他們更深入地學習學院模式本身——這是非常不智的做法。正如我們之前已經提過的，學院模式是基於共同發掘問題，思考這些問題，並提出解決辦法的過程。推動這個過程的力量來自個人熱忱和同儕的肯定。學院的核心並不是由個人成就所組成，而是這種學習模式本身。

駭客模式的社會應用

這裡所提出的駭客模式有可能得到更廣泛的應用；但這麼說絕不表示，我們只要坐等政府或企業來執行它。駭客主義的一項中心要旨便是提醒我們：透過開放模式，個人直接的合作可以成就許多非凡的事業；只要想得到的，就能做得到。比方說，駭客的開放模式可以被轉換成一種社會模式——姑且稱之爲開放資源模式（open-resource model）——在這裡頭，人人都可以宣佈：我有一個想法，我可以貢獻這麼多，請和我一起來！雖然這個開放模式或多或少還是需要親身參與的實際行動，但網際網路的使用一定也會大有幫助，成爲結合各界力量，以及傳播、擴展理念的有效工具。

舉例來說，我可以在網路上宣佈，願意撥出一些時間協助老人處理事情；我可以宣佈鄰居的小孩下課後可以到我家來玩；我可以說我願意在工作日替社區裡的某戶人家溜狗。也許我還可以加上一個條件，要求被幫助過的人也要同樣幫助別人，以增強這個模式的效果。網路可以用來作爲組織地方資源的工具，漸漸地，其他人會參與實現這些有益於社會的構想，然後也會因此而產生更好的構想。就像電腦駭客模式一樣，好的想法會帶來更好的想法，如此良性循環，互助互惠。

我們已經看到，沒有政府和企業的介入，駭客模式也可以在網路空間中產生驚人的成果。至於個人直接的合作能在我們的「眞實世界」中成就出什麼，那就有待觀察了。

網路

5 從禮儀到倫理

在駭客工作倫理和金錢倫理之上的，還有駭客倫理的第三個重要層次，它可以被稱爲**網路倫理**（nethic 或 network ethic）。這個詞彙指的是駭客和網路社會中一切廣義的網絡關係，它比我們常見的**網路禮儀**（netiquette）一詞的意義更爲廣泛。（網路禮儀關係到的是在網路上交流的行爲守則，像是「避免謾罵」、「張貼留言以前先讀常見問題集」等[1]。）讓我重申，並不是所有的駭客都接受網路倫理的所有要素，然而這些要素仍因爲它們的社會意義以及與駭客倫理的關係，而可以納爲一體。

駭客的網路倫理的第一部份，包括了駭客和網路媒體（例如網際網路）的關係。雖然這層關係可以追溯到駭客倫理剛開始成形的六〇年代，但這種網路倫理是在近幾年才被較自覺地具體化。其中一個關鍵時刻是一九九〇年——這年，駭客米契・卡波（Mitch Kapor）和約翰・佩里・巴洛（John Perry Barlow）在舊金山成立了「電子邊境基金會」（Electronic Frontier Foundation, EFF），以促進網路空間的基本權利❷。巴洛是六〇年代叛逆文化的產物，他曾經爲搖滾樂團「死之華」（the Grateful Dead）寫歌，後來又成爲網路權利（cyber-rights）運動的開拓者，也是第一個把威廉・吉勃遜使用的「網路空間」（cyberspace，出自吉勃遜的小說《神經召靈人》［*Neuromancer*］）一詞，逐用於稱呼所有電子網路的人❸。卡波在個人電腦的發展史上也是位重要人物，他在一九八二年寫出了試算表軟體「蓮花」（Lotus）。這是第一個大幅簡化人們日常事務的電腦軟體，也因此成爲促成個人電腦大爲普及的關鍵因素之一。「蓮花」這個名字反映出卡波的背景：他曾經是擁有心理學學位的心理衛生諮詢師，之後又擔任超覺靜坐（transcendental-meditation）指導員，對東方的思想體系非常感興趣。

卡波的公司也叫蓮花，以他的軟體爲主力商品，很快就發展成爲當時最大的軟體公司。然而隨著他原來堅持的駭客主義逐漸被企業化，卡波開始感到疏離，四年以後就離開了公司。他自己說道：「我感覺很差，所以我離開了。就這樣，反正有一天我就走了。

……對公司這個有機體而言重要的東西，卻也是讓我愈來愈覺得無趣的東西。」

巴洛和卡波都認爲，網路空間的基本權利，例如言論自由和隱私權，是非常重要的議題。而直接刺激他們成立電子邊境基金會的原因是，ＦＢＩ曾經懷疑巴洛和卡波持有偷來的原始程式碼；用通俗的話來說，就是懷疑他們是「駭客」（也就是鬼客），兩個人都受到ＦＢＩ探員登門拜訪的待遇。這個懷疑最後證明是沒有根據的，但是這個事件讓巴洛和卡波覺得，立法者和執法者並不瞭解眞正的駭客主義和網路空間到底是什麼。舉例來說，拜訪巴洛的探員幾乎對電腦一無所知，而且把偷走原始碼的詭客團體「新普羅米修斯」（Nu Prometheus）說成是「新義肢」（New Prosthesis）。

巴洛和卡波很可以把ＦＢＩ探員的造訪拋諸腦後，但是他們卻因此而開始擔心：缺乏瞭解最終可能導致政府對電子空間進行極權式的管理，因而嚴重剝奪了駭客們最珍視的言論自由和隱私權。反諷的是，拜訪巴洛的ＦＢＩ探員——資本主義法律與秩序的捍衛者——恰巧和韋伯認爲最能代表淸教徒精神的牧師李察·貝克斯特（Richard Baxter）同名同姓，彷彿他們的會面是事先設計好，刻意用來比喻淸教徒倫理和駭客倫理的交鋒。

電子邊境基金會的共同創辦人，還包括了沃茲尼克、約翰·吉爾摩（John Gilmore）

和史都華・布蘭德（Stewart Brand）。吉爾摩以支持高加密（strong-encryption）技術以保護隱私權著稱，他的著名口號是：「網際網路將檢查制度視爲故障，因此繞道而行。」基於同樣的理念，他也與人合創了百無禁忌的另類新聞群組（以alt爲字首）❹。布蘭德是《整體地球目錄》（*The Whole Earth Catalog*）雜誌的創辦人，而且寫過第一篇關於駭客主義的文章，於一九七二刊登在《滾石》（*Rolling Stone*）雜誌上，並籌辦了第一屆駭客會議（Hacker Conference，一九八四年於舊金山舉行），因此在駭客主義發展史上也扮演了重要角色。

電子邊境基金會將自己定位爲「一個非營利、無黨派的公益組織，致力於保護電腦和網際網路領域中的基本民權，包括隱私權與言論自由」。在實際貢獻上，電子邊境基金會協助推翻了多項法案，其中包括美國國會於一九九七年通過的，企圖在網路上設立官方檢查制度的「通訊合宜法案」（Communication Decency Act）。在捍衛原先被美國政府禁止使用的強加密技術上，電子邊境基金會也扮演了重要角色。在這條法規被修改以前，電子邊境基金會透過吉爾摩，設計了一套「ＤＥＳ破解器」（DES Cracker），它可以破解用於網路上的銀行交易和電子郵件傳輸的ＤＥＳ（Data Encryption Standard，資料加密標準）編碼法。此舉的立意是要證明，美國政府所許可的加密方式其實並不足以保障隱私權[5]。具有社會意識的駭客強調，加密技術不應該只被用來滿足政府和企業的保密需求，它也應該用來保護個人免於政府和企業的窺伺。

言論自由和隱私權

言論自由和隱私權一直都是重要的駭客理念，而網際網路也隨著這個理念發展。到了九〇年代，當政府和企業開始廣泛地對網際網路感到興趣，並且屢屢企圖將它推向一個與駭客理念對立的方向，我們對於像電子邊境基金會這樣的駭客組織的需求，便更形迫切了。

在駭客們捍衛言論自由和隱私權的行動上，他們的世界也是典型的百家爭鳴，沒有一個主導活動的中心。除了電子邊境基金會以外，還有許多其他的駭客團體在從事類似的活動；荷蘭的 XS4ALL 網際網路服務和 Witness 是其中兩個顯例，他們利用網路空間裡的工具報導違反人權的犯罪活動。這些駭客團體透過像「全球網路自由運動」（Global Internet Liberty Campaign）之類以主題聚集而成的統合組織，結合來自各界的力量[6]。

言論自由：科索沃案例

我們的世界上有多得做不完的事可以讓駭客團體忙碌。儘管在所謂的已開發國家中，言論自由和隱私權已被視為是基本人權，但還是不斷有各種外力，企圖削減網路空間裡的這些權利❼。更別說在世界上的其他地方，這些權利甚至仍未得到明確的承認。根據「自由之家」（Freedom House）研究中心所發表，題為《言論檢查.gov：二〇〇〇年網際網路與新聞自由報告》（*Censor Dot Gov: The Internet and Press Freedom 2000*）的研究報告，在公元兩千年之初，全球仍有三分之二的國家、五分之四的人口沒有完全的言論自由。

這些壓制人民言論自由的力量控制媒體，尤其是傳統集中式管理的媒體，像是報紙、廣播和電視。他們當然也努力想控制網際網路的內容，但由於網際網路分散式、無中心的結構，使得這種企圖難以實現。正因如此，網際網路便成為極權社會中，個人自由表達意見的重要管道。而創造出電子郵件、新聞群組、聊天室和全球資訊網等各種溝通管道的駭客們，也協助遍布於世界各地的異議人士使用這些媒體。

科索沃案例

一九九九年的科索沃（Kosovo）危機，是政府企圖控制言論自由的最佳例證，這種企圖在許多其他國家亦時常可見[8]。檢查制度通常是其他違反人權行動發生的前兆，一但暴行發生，檢查制度就只容許報導消毒後的官方版說法，以防止任何批評言論的散佈。南斯拉夫的情況正是如此：當科索沃省境內佔多數的阿爾巴尼亞人尋求自治，因而導致南國的多數族群塞爾維亞人，加快在科索沃進行「種族清洗」的腳步時，南國總統米洛塞維奇（Slobodan Miloservic）也逐漸箝緊他對媒體的控制。

一旦言論自由遭受壓制，醜行便隨之而來。當塞爾維亞人在科索沃處決男人、強暴婦女，並且驅逐整個村落的人，從老人到新生嬰兒，一律強迫他們流亡時，南斯拉夫的官方媒體宣稱一切都沒事。（這個傳統一直持續到米洛塞維奇執政的最後時刻：當他竄改選舉結果，而數十萬人正為此在首都貝爾格勒市中心示威抗議的同時，塞爾維亞電視放映的節目卻是奧運重播和古典音樂。）媒體不能報導暴行，所有反對的聲音都受到鎮壓。在北約組織以停止大屠殺為目的進行空襲的期間，政府實際上已經完全接收南斯拉夫的傳統媒體。學術界也被消音，因爲它一向是言論自由的擁護者。巴西略會規裡的條文，正可以描述南國政府的政策：「任何人不得……出於好奇而問，發生了什麼事。」

然而，網際網路卻可以散佈消息。在電子邊境基金會的推動之下，一個稱爲 anonymizer.com 的網站設置了匿名伺服器，讓科索沃人有機會送出訊息，而不致被政府當局追蹤逮捕。不過，來自戰火中最廣爲人知的訊息，是以電子郵件的形式直接傳送的。其中一個著名的例子是阿爾巴尼亞裔十六歲少女「愛朵娜」（“Adona”），和加州柏克萊高中二年級學生費尼根·海默爾（Finnegan Hamill）的郵件往來。（愛朵娜是化名，基於安全理由，她的眞實身分不予公開。）愛朵娜寫道：

> 嗨，費尼根。……有一天晚上，我想是上個星期吧，我們完全被警察和武裝部隊包圍，如果不是因爲有聯合國歐洲合作與安全組織（OSCE）的觀察員，天曉得還會有多少人遇害。我的公寓也被包圍了。筆墨難以形容我的恐懼。……隔天，就在我的公寓幾米之外的地方，他們殺了一個阿爾巴尼亞裔的新聞記者，安佛·瑪洛庫（Enver Maloku）。再前幾天，年輕人常去的城中心發生了爆炸案。

另外一天她寫道：

我再也弄不清楚到底有多少人被殺了。你只是不斷在報紙上的追悼版看到死者的名字。我眞的不想被強暴，不想我的身體變得像那些被屠殺的人一樣。我希望全世界、全宇宙，都不會有人再經歷我們現在的遭遇。你不知道你有一個正常的生活是多麼幸運。我們都想要自由，像你們一樣地生活著，擁有我們的權利，不用一直被逼，一直被逼。費尼根，我告訴你的是我對這場戰爭的感覺，我的朋友們的感受也是相同的。

就在北約正要開始空襲之前，愛朵娜送出了這個訊息：

親愛的費尼根，

此刻我正在寫信給你，就在我的陽台上。我可以看到人們提著行李奔跑，也可以聽到槍聲。我家幾米外的一座村莊已完全被包圍了。我已經把必要的東西收拾成行李，包括衣服、文件和錢……以防萬一。就在過去這幾天裡，有好多部隊、坦克和士兵進入科索沃。昨天，我們鎮上有一區被包圍，而且還有槍擊。……我真等不及想知道新聞。

米洛塞維奇政府行使的控制是根據一九九八年所制定，准許政府當局任意關閉媒體的「公共資訊法」(public information law)，以及純粹的野蠻暴力。像是在一九九九年三月，塞爾維亞警察就射殺了倡導人權的貝札任・卡爾曼地（Bajram Kelmendi）以及他的兩個兒子；只因卡爾曼地一直都支持被警方查禁的阿爾巴尼亞文報紙。兩份無黨派民間報紙的發行人斯萊夫科・克魯維嘉（Slavko Curuvija)，也在一九九九年四月十一日在自家門前被射殺；據政府當局的電視報導指稱，克魯維嘉支持北約的空襲行動。除此之外，還有數十名新聞記者被逮捕、刑求或者流放。

南斯拉夫最具影響力的反對派媒體，B92 電台，一直都遭受到政府當局以不同方式干擾。一九九六年十一月二十六日，反政府示威遊行期間，它的訊號被蓋台，到了十二月三日，電台完全被迫關閉。就在此時，XS4ALL 主動提供協助，願意幫 B92 透過網際網路傳送訊號（他們所使用的聲音傳輸科技是由 RealNetwork 開發的 RealAudio，而 Real-

Network 則曾受到卡波的資助）。包括美國之聲（Voice of America）在內的幾個電台，再把透過網際網路接收到的訊息向南斯拉夫播放。南斯拉夫政府發現封鎖無效，結果很快又讓 B92 恢復原來正常的廣播。

XS4ALL（讀成 acess for all，人人都能使用）的信念從它的名稱就可以看得出來：人人都應該享有網路使用權，因爲它是言論自由的傳播媒介。XS4ALL 表明他們準備好「積極參與政治，並且不怕打官司。」在一九九九年三月二十四日科索沃戰爭開打前夕，XS4ALL 和 B92 又再度合作。當時南斯拉夫電信部部長再度關閉電台，並且沒收他們的發送設備。電台總編輯韋仁・馬蒂奇（Veran Matic）被逮捕，旋即在當天獲釋，被捕原因不明。四月二日，電台總監薩沙・米爾柯維奇（Sasa Mirkovic）被開除，當局指派了一位新的總監，並揭示新的指導方針。在 XS4ALL 的協助之下，B92 原來的編輯群再次透過網際網路傳訊，而國外的電台也再一次將訊號播送回南斯拉夫。

B92 與政府對抗所獲得的勝利有其特殊的重要性——這個電台成了南斯拉夫具有獨立批判性的傳播媒體的象徵。馬蒂奇在戰爭初期所寫的捍衛媒體自由宣言中，清楚地表達了利害所在：

身爲自由媒體的代表，我個人太了解我們對資訊的需求，不管在這場衝突中你是站在哪一邊。我們國家的人民應該被告知最新的國際動態，以及在我們自己的地方究竟有哪些事正在發生。國外的人也應該被據實告知在這裡發生的事情。然而，我們從未接收到詳細的、未經裁剪的事實，所有我們聽到的都只是政治宣傳，包括西方國家的文飾之詞。

戰爭行將結束之際，名爲「見證者」（Witness）的團體訓練了四個科索沃人使用數位錄影機，將違反人權的暴行記錄下來。這些影片然後利用手提電腦和衛星電話，透過網際網路被傳送出南斯拉夫。目前這些資料已提供給國際戰爭法庭使用。

成立於一九九二年的「見證者」，相信影像在報導違反人權的暴行時，能發揮強大的力量；他們界定自己的工作是要發展影像科技，並且嫻熟於使用這些科技，以達到下述目標：「我們的目標是要提供人權工作者他們所需，用來記錄、傳送及揭發暴行的工具，否則這些暴行便可能被漠視，而施暴者也可能逃脫應得的懲罰。」「見證者」的創辦者，同時也是音樂家暨網路藝術家彼得・蓋布瑞爾（Peter Gabriel）❾如此說道：「眞理沒有邊界，資訊需要自由，而科技即是關鍵。」

第一場網路戰爭

除了這些駭客團體以外，一些比較傳統的行動團體也在科索沃危機時，進入了「網路時代」。負責協調民間團體的組織「世界一家」（OneWorld）和它的夥伴「彼處新聞」（Out There News）共同建立了一個難民資料庫，幫助人們尋找他們的親戚朋友。即使在非得由眞人執行、而非科技因素主導的和平談判中，新科技也扮演了象徵性角色。在由芬蘭總統亞提薩利（Martti Ahtisaari）和俄國前首相車諾米丁（Viktor Chernomyrdin）主持的談判中，和平條約的初稿是在網際網路行動電話上寫成的，而談判內容的第一份初步報告，則是以電子郵件的形式寄給各國代表。因此，我們或許有理由可以稱科索沃爲第一場網路戰爭，就像越戰當年曾經被稱爲第一場電視戰爭。

這場戰爭有一小部份甚至是在網路上發生的，正如桃樂斯・丹寧（Dorothy E. Denning）在她的研究《社運主義、駭客行動主義和網路恐怖主義》（*Activism, Hacktivism, and Cyberterrorism*, 2000）中所描述的，支持不同陣營的鬼客各自在網路上發動他們的攻擊。

戰爭才開始幾天，塞爾維亞鬼客就阻斷了北約組織的伺服器，一個加州的鬼客於是破壞南斯拉夫政府的網頁作爲反擊。鬼客們根據他們對這場衝突的看法選擇陣營：俄國人和中國人攻擊美國，美國人、阿爾巴尼亞人和西歐人破壞塞爾維亞網頁。另外有些東歐鬼客也以反北約的電子郵件散播病毒。戰爭結束後，甚至有些媒體散佈（錯誤的）傳言，說柯林頓總統已經批准任用鬼客進行攻擊計劃，像是盜取米洛塞維奇的銀行存款⓾。

我們必須承認，網際網路對於大眾對這場戰爭的看法，其實影響有限，更不要說它對戰爭的進行與結果的影響。雖然如此，我們沒有理由將它——一個自由言論的管道——和其他的傳播媒體分別看待，因爲所有的媒體在影響的層面上都是互相關聯的。作爲一個接收管道，網際網路還算不上是大眾媒體，但即使這個說法成立，我們仍有兩點需要釐清。首先，在某些情況下，網際網路可能是一個無可取代的接收管道。原本因爲政府的檢查制度而無法聽取眞相的群眾，可以透過它，輾轉接收到傳統新聞媒體所散發的消息。許多極權國家的人民正是透過網際網路來接收他們的政府所查禁的訊息和觀點。

其次，網際網路並不一定非要成爲大眾傳媒的接收管道才能發揮廣泛的影響力。它也可以是製作新聞報導時的一個有效工具，製作出來的報導可再透過傳統的大眾媒體傳播出去。我們不可忘了，網際網路賦予每一個人足可擔任新聞記者所需的裝備。即使是在傳統媒體工作的記者、編輯，也都開始使用這些工具撰寫、錄影及傳送他們的報導。當多媒體的網際網路結合了電腦、電子通訊和傳統媒體的力量，當電腦、電話和相機的功能都被整合在一台小小的多媒體裝置上，每個人於是都可以傳送那些原本只能由傳播媒體的大型機器處理的報導。這樣一位未來網路工具的使用者，在技術和報導能力上或許無法和專業者相提並論，但因爲他們就在事件現場，並且是親身經歷的當事人，所以這些弱點很容易就可以被彌補過來。在科索沃，我們已看到了媒體駭客主義所能發揮的效用，而這還只是一個開端而已。

電子全知的監視？

網際網路可以是自由言論的媒介，但它也可以變成監視的工具。過去，許多駭客努力保護網路空間的隱私權，以防止這種情況發生。最近，政府和企業卻試圖透過各種途徑侵犯這項隱私權⓫。

有不少國家已開始討論所謂的網際網路的後門，意指當政府認爲有必要時，他們可以藉由某種機制來監視網際網路，或者甚至是常態性地自動監測人民的電子郵件和網路瀏覽習慣。（自動監視係使用程式來分析所有的電子郵件內容及一切網路活動，篩選出「可疑」個案，向有關單位報告。）在這方面，所謂已開發國家和開發中國家的不同處似乎只是：在已開發國家中還有關於這種控制手段的討論，而在開發中國家，政府則逕自採行這套措施，完全毋需經過任何事前討論。因此，在沙烏地阿拉伯，網路服務提供者有義務要記錄使用者的網路活動，一旦發現使用者企圖進入被禁止的網站或網頁，就要寄給他們自動警告，以此提醒他們的確隨時都被監視著。

在已開發國家，至少在和平時期，企業往往比政府對隱私權帶來更大的威脅。雖然企業無法像政府一樣直接查閱網路服務提供者的流量記錄資料，但是他們可以用其他的方法推導出類似的資訊。當使用者在網路上瀏覽時，他的瀏覽器和網頁伺服器之間可以交換用來確認使用者身份的資訊（即所謂的 cookie）。假設有個使用者，姑且稱之爲X。交換 cookie 這個動作本身並不致洩露X的個人資料，但它讓伺服器得以詳細記錄X到底瀏覽了那些網頁、每次待了多久時間等資訊。然後，至少在原則上，一旦X透露他的個人資料給任何一個蒐集並販賣這些資料的網站，他的身分就可以被確定。於是X有了姓名、性別、年齡、地址、電子郵件地址等等。此後，這些企業就可以究竟是誰看了養狗網頁，然後查詢某個流行藝術家，又再看了色情網站……，並且依此來分析他的個人興趣。

有些公司透過在許多網站上大量刊登廣告，專門蒐集這類資訊。因爲這些廣告並不眞的是網頁的一部份，而是由廣告商的網路伺服器所提供，因此廣告商可以直接和使用者的瀏覽器交換識別資訊。這些廣告——或者，更準確地說，這些「間諜連結」（"spy links"）——的主要目的，是要蒐集關於個人的網路使用習慣的資訊。個人的生活風格是這些公司交易的商品；他們能從網路中歸納出多全面、多詳細的個人生活風格，得要看他們有能力撒下多少間諜網頁，以及有多少在間諜圈之外的公司願意將客戶和造訪者的資料出售給他們。

貼到新聞群組上的留言是生活風格資訊的另一主要來源。由於基本上所有新聞群組上的資訊都被永久儲存在某個地方，開放供任何人閱讀，因此它們更容易被分析。只要觀察每一個人加入了哪些新聞群組，並且分析他們留言的文字內容，企業就能得到爲數驚人的資訊。

在電子時代，使用者不斷在各種資料庫裡留下電子痕跡。我們的時代愈電子化，就會有愈多的痕跡可尋。於是，隨著電腦、電話和媒體的結合，甚至連人們看的電視節目，他們在車裡聽的廣播，以及他們在新聞網站上讀的文章，都可以被記錄在資料庫裡。透過行動電話的基地台，行動電話用戶的所在位置也可以相當準確地被判別出來。有了這些資料，一個非常私密的個人形象就可以被描繪出來。

當電子紀錄不斷增加，個人的形象也就變得愈來愈精確。即使是現在，每一筆銀行和信用卡交易都被紀錄在信用卡公司的資料庫裡。如果你使用貴賓卡，用這張卡進行的交易也會被記錄在發卡公司的資料庫裡。未來的電子貨幣（不管是透過電腦、行動電話、電視機或其他家電來使用），將會更完整地將這些資料保存下來。在最詳細的情況下，有些資料庫或許甚至可以列出一個人一生中買過的每一個產品。循著這個思路推演下去，我們很容易可以看出，資訊的掌控者可以建立起多麼詳盡的個人資料檔。

公司企業之所以會對個人的生活風格感興趣，主要的原因有二。首先，這些資訊有助於精確地鎖定行銷對象。比方說，如果公司得知某人養狗，那麼這個人就會在他的數位電視的廣告時段中，看到養狗相關產品的廣告。（倘若他還曾經寄出一封標題爲「貓很討厭」的電子郵件，那他就不會收到和貓有關的廣告。）或者如果某人嗜吃甜食，他就可能會在適當的時段，從行動電話收到關於附近商家有糖果特賣活動的簡訊。

其次，如此詳細的個人資料分析，使得公司企業可以仔細審查員工和求職者的生活習性。當我們可以把個人的行爲、資料儲存在電子記憶體裡，這也就表示，到頭來，一個人沒有任何舉動是可以不爲人知的。在電子時代，企業隱修院的大門是由電腦化了的聖彼得所守衛的⓬，他和全知的上帝所不同的只在於他毫不寬容。在求職面談的時候，應徵者到當時爲止的一生都會被呈現在眼前，而他必須解釋過去犯下的所有罪過：六歲時，你和你的哥兒們在網路上用粗鄙的言語對罵；十四歲時，你上色情網站；十八歲時，你在一個聊天室裡承認，你曾經試過毒品……。

愈來愈多的企業也開始監視員工的電子活動（有時候是未公佈而私下進行的監視）。許多企業已經安裝了可以觀察員工使用電子郵件和網路狀況的電腦軟體：他們是否使用不恰當的言語（像是憤怒的詞句）；他們聯絡的對象是誰（希望不是公司的競爭對手）；他們是否去一些聲名狼藉的網站（像是色情網站）？甚至電話中的談話內容也可以用類似的方式，透過把語音轉成文字的科技來加以監控。

隱私更需要保護

駭客們很久以來就強調，在電子時代，隱私權絕對不是先天賦與、理所當然的，它需要比以往受到更刻意的保護。他們早已花費許多時間討論目前企業和政府對個人隱私權所帶來的威脅。爲了保護隱私權，有些駭客甚至針對某些特別容易受侵犯的情況，象徵性地訴諸電子時代以前的解決辦法。例如艾瑞克・雷蒙就不用提款卡，因爲他反對目前電腦系統把每一筆金錢交易都記錄下來的運作方式。他認爲技術上而言，應該可以寫出一個程式，使得交易過程不必傳遞個人資訊，但銀行還是可以從正確的提款卡上扣款；問題只在銀行體系是否願意。

許多駭客憎惡任何侵犯個人隱私的事，不管這些事是發生在工作時間之內或之外。雇傭關係並未賦與雇主侵犯員工個人生活的權利。丹尼・希利斯（Danny Hillis）仿照禪宗公案的形式寫過一則關於性格測驗的小故事。這則故事正可以表達駭客如何看待對於雇主竭盡所能，亟欲對員工進行準確的性格分析的行爲：

有個他宗弟子往見德勒舍（Drescher，明斯基人工智能實驗室的一位研究員），時值用早膳之際。此人云：「爲了讓你獲得快樂，我贈予你此則性向測驗。」德勒舍取過紙條，放進烤麵包機裡，說道：「我希望烤麵包機也能同享快樂。」

爲了保護電子通訊的隱私權，許多駭客努力捍衛被美國政府限制使用的各種強加密技術，因爲要想眞正確保隱私權，這類科技是絕不能少的。美國管制武器輸出的法律過去曾將這些強加密技術（使用長度超過六十位元的鑰匙來加密）列爲軍用品，嚴格禁制它們的銷售。有個駭客爲了取笑這條法律，在自己的左臂上刺青，他用很短的三行代碼，刺上了被歸類爲強加密的RSA加密法，然後爲了表示遵從美國法律，又再刺上一句聲明：「警告：此人係屬軍用品。聯邦法律禁止將此人轉交給外籍人士。」

這些法律條文在二〇〇〇年初終於有所放寬，駭客團體在此次法令修正上居功厥偉⓭。在研發強加密法的團體裡，由吉爾摩、提姆・梅（Tim May）和艾瑞克・休斯（Eric Hughes）所創立的密碼叛客（Cypherpunks）是其中的要角之一。它的宗旨可見於休斯在一九九三年發表的〈密碼叛客宣言〉：

要享有隱私權，我們就必須去捍衛它。我們必須團結起來，建立一套可以匿名進行交易的系統。幾百年來，人們一直透過耳語、暗中活動、信封、緊閉的門、暗號和秘密信差來保護自己的隱私權。過去這些方法並無法嚴密地保護隱私，但是電子科技可以。

我們密碼叛客致力於建立匿名系統。我們使用密碼學、匿名郵件轉寄系統、數位簽名和電子貨幣來保障我們的隱私權。

吉爾摩在一九九一年發表的宣言〈隱私權、科技和開放社會〉中，更進一步想像一個根據駭客原則來建構的社會：

如果我們可以建立個人資訊絕不會被蒐集的社會呢？在那裡，你付錢租片，可以不必留下信用卡號碼或銀行帳號。在那裡，你可以不用說出姓名，就證明自己已可以合法開車。在那裡，你可以自由地收發訊息，而不必擔心會洩漏自己的所在位置，就像有個電子郵政信箱一樣。

這就是我想建立的社會⓮。

駭客們努力在科技上尋找能夠在電子時代裡保有隱私權的解決辦法。密碼叛客絕對不是唯一有這種雄心壯志的團體。第一個讓人不必揭露身分，即可寄電子郵件或到新聞群組張貼留言的匿名伺服器（稱爲轉信器[remailer]），是由芬蘭駭客約翰·海辛格（Johan Helsingius）所架設的。身爲芬蘭的瑞典裔少數族群，他解釋這種伺服器的必要性：「當你在處理少數團體的問題時，無論是種族的、政治的、性別的或是任何的少數，你總會遇到少數團體的成員想要討論他們認爲很重要的議題，但不想洩漏眞實身分。」在另一個場合裡，他又說道：「這些轉信器讓人們可以在網路上以不具名方式、保密地討論一些敏感事務，像是家庭虐待、校園暴力或人權議題等。」⑮

展望未來，隱私權將不只是道德問題，它也會是一個科技問題。電子網路的普及必定會對個人隱私權帶來重大衝擊，因此駭客們勢必要齊心協力來捍衛個人隱私權：除了確保網際網路的安全以外，他們還必須去影響其他許多存有個人詳細資料的網路，例如金融網路、電話網路等。

虛擬實境

歷史上，網際網路作爲駭客所使用的媒介，有它的第三個重要向度：除了言論自由跟隱私權以外，駭客們還非常珍視個人的活動。雖然這第三點並不常和駭客倫理聯繫在一起，但其實它與上述兩種對媒體的態度密切相關。事實上，**活動**一詞很可以概括駭客網路倫理三個要素背後的關聯性。言論自由是作爲社會中的一個活躍份子，用來接納和發表各種不同看法的手段。隱私權保障人們可以創造個人生活方式的活動自由，因爲統治者往往利用監視來限制人們的生活形態，或用於禁止逸出常軌的生活方式。而自發性的活動則強調一個人應該去實現自己的理想，而不要只是個被動的接受者。

最後這一點和傳統媒體（尤其是電視）總是讓觀眾當個接收者，有很大的不同。如果借用隱修院的比喻，傳統媒體採用的便是像上帝從天國到人世、由上向下的單向傳播模式。早在一九八〇年代，法國社會學家暨哲學家尚・布希亞（Jean Baudrillard）就指出，自從電視節目開始使用罐頭笑聲以後，電視觀眾在象徵意義上成爲絕對的接收者。他提到，電視發展到這一地步，電視節目變成同時既是演員，也是觀眾，於是「眞正的

105

台北市南京東路四段25號11樓

大塊文化出版股份有限公司　收

廣　告　回　信
台灣北區郵政管理局登記證
北台字第10227號

地址：　市／縣　鄉／鎮／市／區　路／街　段　巷　弄　號　樓

姓名：

(請寫郵遞區號)

from vision

大塊 LOCUS 文化

to fiction

謝謝您購買這本書！

如果您願意，請您詳細填寫本卡各欄，寄回大塊文化（免附回郵）即可不定期收到大塊NEWS的最新出版資訊及優惠專案。

姓名：＿＿＿＿＿＿　身分證字號：＿＿＿＿＿＿＿　性別：□男　□女

出生日期：＿＿＿年＿＿＿月＿＿＿日　聯絡電話：＿＿＿＿＿＿＿＿

住址：＿＿＿＿＿＿＿＿＿＿＿＿＿＿＿＿＿＿＿＿＿＿＿＿＿＿＿＿

E-mail：＿＿＿＿＿＿＿＿＿＿＿＿＿＿＿＿＿＿＿＿＿＿＿＿＿＿＿

學歷：1.□高中及高中以下　2.□專科與大學　3.□研究所以上

職業：1.□學生　2.□資訊業　3.□工　4.□商　5.□服務業　6.□軍警公教　7.□自由業及專業　8.□其他

您所購買的書名：＿＿＿＿＿＿＿＿＿＿＿＿＿＿＿＿＿＿＿＿＿＿

從何處得知本書：1.□書店　2.□網路　3.□大塊NEWS　4.□報紙廣告5.□雜誌　6.□新聞報導　7.□他人推薦　8.□廣播節目　9.□其他

您以何種方式購書：1.逛書店購書 □連鎖書店 □一般書店　2.□網路購書　3.□郵局劃撥　4.□其他

您覺得本書的價格：1.□偏低　2.□合理　3.□偏高

您對本書的評價：(請填代號　1.非常滿意　2.滿意　3.普通　4.不滿意　5.非常不滿意)

書名＿＿＿＿　內容＿＿＿＿　封面設計＿＿＿＿　版面編排＿＿＿＿　紙張質感＿＿＿＿

讀完本書後您覺得：

1.□非常喜歡　2.□喜歡　3.□普通　4.□不喜歡　5.□非常不喜歡

對我們的建議：＿＿＿＿＿＿＿＿＿＿＿＿＿＿＿＿＿＿＿＿＿＿＿＿

＿＿＿＿＿＿＿＿＿＿＿＿＿＿＿＿＿＿＿＿＿＿＿＿＿＿＿＿＿＿＿

＿＿＿＿＿＿＿＿＿＿＿＿＿＿＿＿＿＿＿＿＿＿＿＿＿＿＿＿＿＿＿

觀眾無事可做，能做的只有驚歎而已」。

儘管有時我們會將網際網路稱爲「虛擬實境」，但其實現在的電視觀眾也常會感覺他們的經驗是虛擬的，亦即**不眞實的**。就像現在，看電視照慣例讓觀眾覺得好像在看一堆荒謬而不眞實的鬧劇；最差的電視，莫過於此。

電視已經成了經濟的一環，這個明顯的事實更加深了這種不眞實的經驗。電視公司逐漸變得像其他企業一樣，純粹以牟利爲動機；對他們而言，最重要的莫過於收視率，因爲收視率高廣告就賣得好。電視節目完全本末倒置，成了爲爭取廣告而做的宣傳，而電視公司需要觀眾也不過是爲了要提高廣告時段的價碼。傳統媒體之所以想擴展至網際網路的領域，其動機也是因爲：透過這些新科技可以蒐集到非常詳細的使用者資料，因此可以更精準地鎖定廣告目標。他們的目標是要利用科技來強化市場導向的觀眾區隔。

既然電視和資本主義的關係如此密切，它在頗大程度上也同樣受到清教徒倫理思惟的宰制。把它放進社會脈絡來看，電視和清教徒倫理一樣，也對言論自由和隱私權構成威脅：電視之類媒體的商業性格一方面導致它們不願關注於任何不可能牟利的領域和議題，同時也造成它們對隱私權的逐步進逼。於是，我們又再次看到清教徒倫理和駭客倫理之間的衝突。

但我們也可以說，若不是我們的生活如此深受清教徒工作倫理的控制，大家就不會去忍受目前那些差勁的節目。只有當工作消耗掉了人們所有的精力，讓他們累到提不起勁去追求個人熱忱時，他們才會無可奈何地被動接受電視裡的一切。

許多人認爲網路社會的興起將會改變這一切，譬如芮夫金便在《工作的終結》中宣稱，工作在生活中所佔的角色將自動降低，我們將會有更多精力自由從事喜愛的休閒活動。然而，我們找不出任何可以支撐這種論點的理由。事實上，過去一、二十年來，工作時數非但未縮短，反倒加長了。要想宣稱工作時數確有減少，只有在把現狀拿來和十九世紀工業社會中最極端的一天十二小時工時相比時，才能成立；倘若把它放在廣義的歷史或文化脈絡裡討論，這個論點恐怕難有說服力。

更何況，單只看工時長短並不足以構成一個完整的比較基準。我們必須牢記，工作時數的縮減，其代價往往是企業對員工工作效率的加倍要求；工時減少絕不表示工作的份量就減輕了。相反的，儘管和工業時代最惡劣的情形相比，工作時數的確縮短了，但現代企業對工作效率的要求卻是前所未有的嚴苛。如果人們被要求在較短的時間內達到同樣份量（甚至更多）的工作成果，那就不能認爲工時的縮短意謂著工作量的減少。

社會學家艾德·安德魯（Ed Andrew）在《關上鐵牢：工作與休閒的科學管理》（*Closing the Iron Cage: The Scientific Management of Work and Leisure*）一書中，分析在清教徒倫理的指導之下，工作的本質如何輕易地將人們導入一種消極的生活風格：

> 研究休閒的社會學家認爲，許多勞工不具有利用餘暇充分享受休閒生活的能力，我們不應過度指責他們錯了。問題在於，他們並未充分考慮到，勞工的無能享受休閒生活，其實是外在工作管理形態所造成的「副作用」。

當個人在工作時被當成一個被動的接收者，就會促成一種休閒時也傾向被動娛樂的趨勢，而容不下主動追求個人興趣的空間。安德魯認爲，只有當樹立起積極主動的工作模式以後，活躍的休閒生活才有可能實現；只有當個人能夠主導自己的工作時，他們才能在休閒生活中扮演一個積極的創造者。

當對工作的缺乏熱忱導致對休閒生活也缺乏熱忱，這的確是雙重的不幸，也是「以星期五爲中心的生活」最荒謬的一種情況：人們平日在工作上被動地接受管理，然後巴巴等到星期五，只爲了要有更多的時間看電視，接受一些被動的娛樂。在另一方面，駭客們則是利用休閒時間——星期天——來實現那些他們平常工作以外的個人理想。

6 資訊主義的精神

駭客的網路倫理還有另一面值得探討，亦即它與網絡社會中媒體之外的其他網絡的關係，尤其是與會影響每個人生活的經濟網絡間的關係。有些電腦駭客可能會覺得，這樣的引申已經使駭客倫理的概念超出了一般所指的範圍。的確，這些並不是典型的電腦駭客討論的主題；但是從社會的角度來看，這些只有某些電腦駭客表達關切的主題，在駭客倫理所提出的質疑中，其實佔有很重要的分量。

爲了便於討論，讓我們先描述這些經濟網絡目前主導資訊業界的實際情況，接著再談駭客倫理。在典型工業時代晚期的工作生活中，雖然這種工作模式並未得到完全的實踐，但基本上，公司訓練員工做一項工作，然後每天朝九晚五，他們就一輩子做同樣一件事，直到退休爲止。在資訊經濟時代，情況已不再是如此。用柯司特的話來說，新的資訊專業者是「可自我程式化的」(self-programmable)，而且「具有自我重新訓練的能力，隨著科技、需求與管理方式不斷加速變動，而能夠配合調整以適應新任務、新程序以及新資訊來源」[1]。

在資訊時代，幾乎所有知識很快都會過時，因此，爲了能夠趕上隨時都在改變的工作計劃所帶來的挑戰，資訊專業者必須時時「重新程式化」他們的專業。這些由於快速的時間步調而衍生的挑戰，又再和時間的彈性化所帶來的挑戰結合起來，使得情況益形複雜。因此，在有了像家庭遠距通勤之類新穎的、更有彈性的工作安排方式之後，資訊專業者必須學會在某種程度上充當他們自己的管理人，並且替上司著想，更有效地規劃他們自己的工作。

這就難怪他們有些人會在自我管理、個人成長之類的書籍中尋求協助。在這個逐漸從傳統的**人事**(personnel)管理轉爲**個人**(personal)管理的時代，我們絲毫不必訝異於像是史帝芬·柯維(Stephen Covey)的《與成功有約》(*The Seven Habits of Highly Effective People*)以及安東尼·羅賓斯(Anthony Robbins)的《喚醒心中的巨人》(*Awaken the Giant

Within）等個人成長的書籍能夠年年大賣，也不必因爲隨時都會有一本個人成長的新書高居暢銷書排行榜而大驚小怪。在資訊時代，管理者要問的不再是陳舊的泰勒式問題：「這個員工的四肢是否能以最佳路徑來移動？」而改問較偏心理層面的問題：「這個人的內在精神是否能維持在最佳情緒？」[2]既然這個自我規劃的現象似乎是我們這個時代的特色，且讓我們更仔細來看看它的本質。

「自我程式化」的個人成長指南

當我們閱讀個人成長指南時，可以看出他們所欲傳授的七項主要美德。或許不能算是巧合，這些美德和富蘭克林所倡導的傳統清教徒工作倫理正好是相同的，而它們又可以再回溯至中世紀的隱修院。這套生活方式共同的起點是**下定決心**，也就是要建立**目標導向**的心態。讀者被教導要訂立一個明確的目標，然後盡全力去實現這個目標，就像羅賓斯說的：「第一步是訂定目標」，而且爲了力求精確，還必須先計劃好達成目標的每一道步驟。富蘭克林也提出過類似的建議：「我總是認爲，即使是略具能力的人，只要能先擬妥良好計畫，然後禁絕所有娛樂或其他誘人分心的旁騖，專心以實現計畫爲唯一職志，那麼必然也可以卓然出眾，成就一番大事業。」個人成長指南教導大家要透過像是每天高喊目標，和預先想像成功的滋味等方式，不斷自我提醒所追求的目標。

在隱修院裡，這種方法叫做「記起天主」(the remembrance of God)，它和個人成長指南兩者間有驚人的相似處。和指導個人成長的大師們一樣，第四世紀的修士艾瓦格里烏·彭提古（Evagrius Ponticus）敦促信徒去默想自己期望的目標，以及達不到目標的後果：「思想可怕並嚴厲的審判，熟思罪人所遭遇的命運……。又要尋思天主為正義人所準備的幸福。……在思想裡，你應該牢記這兩種事實。」❸**異象**（vision）一詞，在成為目前的個人成長術語以前（編按，vision 在一般商業書籍譯為「願景」），原係專指基督宗教對天堂和地獄的想像。當個人成長指南建議大家每天早上對著自己複誦目標時，它所推薦的其實是一種世俗的祈禱方式。

根據個人成長指南，提醒自己哪些是有助於達成目標的美德，是很重要的功夫，而這些美德中又以**最佳化**最為重要。成長指南教大家要最有效地利用時間，這樣才能以最快的速度朝目標前進。在實行方面，這表示大家必須時時意識到自己是如何使用每一個

「此時此刻」。羅賓斯訓勉大家要記得，做事的最好時機「就是**現在**」！最重要的問題是：你現在正在做的事，是否能讓你更接近目標？如果不能就別做，立刻改做其他能幫助你成功的事。

富蘭克林也教大家要對「現在」保持類似的警覺性：「要時時警惕」，「永遠要做有用的事，摒絕所有不必要的活動。」個人成長指南提出這樣一個方法：冥想自己想效法的對象，默想他們說過的名言佳句，以及這些楷模若在此時此刻會如何進行心理建設。在隱修院裡，這叫做「警戒其心」(watch of the heart)，修士們被要求時時檢視自我的的行爲是否都在爲最高的目標服務。比方說，六世紀的修士，加薩的多羅修斯 (Dorotheus of Gaza) 就曾訓誡：「弟兄們，讓我們保持警覺，留心自我的行爲，否則時間一旦荒擲，誰還會把它還給我們呢？」三世紀時，曠野中的安當 (Anthony of the Desert)，以近似今日個人成長大師的語調，建議眾人銘記心目中的楷模，以使自己能時時依循終極目標行事：「牢記聖人的成就，如此你沉浸在聖訓中的靈魂便有可能和聖人的熱忱和諧一致。」[4]研究修會之精神實踐的法國古典學者皮耶．哈道特 (Pierre Hadot) 也指出，正是爲了銘記先聖的目的，才出現了簡短的修士傳記這類文體。時至今日，成功企業家的傳記則是我們現代的聖徒傳，而他們的名言語錄則是當代的「教父嘉言集」(*apophthegmata*)。

其他能促使目標實現的美德還包括彈性與穩定性。羅賓斯就說，目標應成爲一種「偉大的偏執」，不過，追求目標的方法則應保有**彈性**。羅賓斯強調，如果你能「持續變換你的方法，不達目的絕不罷手」，那麼沒有什麼可以阻礙你成功。人人必須保有謙遜的態度，隨時準備學習更好的方法。富蘭克林也建議大家，不管過程中需要再多的學習與努力，也要「毫不動搖地實踐目標」。(這也是安當所抱持的態度，爲了更接近天主，他總是願意謙遜地學習，並且隨機應變：「他時常提出問題，並且亟欲聽取在場者的意見，每逢有人提供了有用的見解，他便表示自己受益良多。」)

穩定性指的是一個人必須持之以恆，堅定地向前邁進，視線不可須臾離開目標，也不容許任何挫折影響自己的情緒以致於半途而廢。從個人成長的觀點來看，絕不容許悲傷之類的「負面情緒」介入，因爲，爲了失去什麼或是失敗而難過並不能改變任何事，也不能扭轉結局。個人成長指南把負面情緒看成是浪費精力，它只會延遲目標的實現。

個人成長的書籍教導一種高能量的正面思考，藉此強化穩定性。羅賓斯就建議他的讀者用不同的描述方式，把負面情緒轉換成正面情緒——把「我很沮喪」想成是「在開始行動前，我覺得很鎭定」，把「悲傷」想成「我正在釐清思緒」，把「我討厭」轉換爲「我偏愛」，把「被激怒」詮釋成「受到激勵」，把「很糟的」解讀成「不同的」，諸如此類。同樣的，富蘭克林也呼籲大家要保持冷靜：「不要因爲瑣事，或因常見、無可避免的意外而受到干擾。」（讓我們把這點和加祥的想法做個比較：加祥曾經長篇大論地探討，悲傷是一種不受歡迎的罪惡，應該用正面積極的態度取而代之。他認爲，悲傷若不是「因爲先前感到憤怒」，就是「由於期待落空、願望未能實現」；無論哪種情況，都應該把悲傷的情緒拋開，因爲它對未來毫無助益。加祥把悲傷的靈魂比喻成「一件被蛀蟲咬得千瘡百孔，再也沒有任何價値與用途的衣服」。）

勤奮是個人成長理論的第五項核心價値。要能爲目標全力奮鬥，一個人必須信奉工作至上的精神。羅賓斯強調「投入龐大心力的意願」對個人而言是很重要的。富蘭克林也視勤奮爲一種美德。韋伯在《新教倫理與資本主義精神》的第二章，徵引了富蘭克林的父親取自聖經的訓誨：「你看見辦事殷勤的人麼，他必站在君王面前」，以此舉證清教徒倫理賦予工作的崇高價值。在個人成長理論中，工作被高度理想化，有時工作本身似乎就是最終目的。（這種情況也可見於隱修院中。他們甚至把和勤奮相對的 *accedia*——通常並非單指怠惰，同時亦有厭煩、浮躁之意——列爲七罪宗之一。加祥如此描述它對修士所造成的不良影響：「當它開始侵襲一個人的時候，它就會讓他待在自己的小房間裡，發呆發懶無所事事；不然就是把他逼出房間，讓他鎮日焦躁不安，成爲一個流浪者。」）

富蘭克林的清教徒倫理觀特別強調**金錢**的價值，而它在個人成長理論中，同樣也佔有顯赫的地位。羅賓斯就把《喚醒心中的巨人》一書的副標題訂爲：「如何馬上掌握你的心靈、情感、身體和財務的命運！」在個人成長指南中，作者們通常會選擇以賺錢爲例，來指導大家應該如何達成目標。在羅賓斯提出的目標設定表格裡，賺錢就是預設的目標：

你想要賺：

年薪五萬美元？

年薪十萬美元？

年薪五十萬美元？

年薪一百萬美元？

年薪一千萬美元？

多到根本不可能數得出來？

隱修生活和經濟的關聯，和其他幾項成功要素相比，是比較複雜而隱微的。隱修的目標不是賺錢，但是從希臘文 *oikonomia* 演變而來的 economy〔經濟〕一詞，在宗教術語中指的是救贖工程，這一點絕非偶然。在資本主義和隱修思想中，生活的目的都是在經濟地、斤斤計較地，努力追求「救贖」或「天堂」。

在個人成長理論中，目標的實現絲毫沒有機運可言，凡事都必須照顧到，不可有絲毫遺漏。因此，**成果考核**就成了第七項美德。羅賓斯的讀者必須明確記下他們的目標，然後持續查核所有的進展。以下就是羅賓斯建議讀者如何記錄個人情緒改進的例子：

一、寫下一個星期中你體驗到的所有情緒。

二、列出引發這些情緒的事件或情境。

三、針對每一種負面情緒想出一個預防方法，當下次收到「行動訊號」時，採用適當的方式進行防護。

又一次，我們看到了富蘭克林的影子。在他的《自傳》裡，富蘭克林提到他如何寫下自己的目標：「我過去都會寫下我所下的決心，這些都還在我的日記裡。」他又說，他體會到光把目標寫下來是不夠的，爲了要實現目標，「每日省察是必須的。」爲此，他發明了一套心靈簿記法。他在《自傳》中寫到：

我做了一本小冊子，用來記錄有助於成功的美德［其中包括了先前提到的決心、冷靜等美德］。我用紅筆在每一頁上畫線，隔出七個直欄，代表一週的七天，在每一欄的上方標出代表該天的字母。接著再用紅筆畫出十三條橫線，每一線的最前面標上一項美德的第一個字母。這樣每次自我省察時，就可以逐一檢驗有哪些德性是我當天沒有做好的，並在適當的直欄與橫線的位置，標上一個小黑點作記號。

接著，我們來看看修士們是如何被教導來做好有系統的自我省察。多羅修斯寫道：我們不可只是每日自我省察，每季、每月、每週亦應如是。且需自問：「與上星期一被情欲所惑的我相比，如今的我已修行到哪個階段？」同理，我們應每年自問：「去年我未能克制此種、彼種情欲，今年如何？」教父們教導我們，每日均應在晚間反省白天的所作所爲，晨間反省前夜的所作所爲，如此朝夕爲之，必可潔淨自我。

相較之下，我們可以將現代的成果考核法視爲一種世俗的懺悔形式，世俗的告解儀式。

最後，值得注意的一點是：隱修院和個人成長指南都對實踐的方法非常講究，兩者都認爲，方法可以確保修習者得到明晰且確切的感受。如果純粹從形式來看，一個人究竟信仰或採行何種方法其實沒那麼重要。透過隱修院或是透過個人成長指南，都可以得到救贖。在這個一切的關係與互動都日益繁複的時代，人們似乎愈來愈需要明晰且確切的感覺。似乎外在環境的發展愈是複雜、快速，人們便愈需要追求內在的單純。

爲了應付這個複雜且快速多變的時代，個人成長指南教導大家追求更爲明確的目標。如果想在全球性的競爭環境中佔得一席之地，你就必須將目標更精準地「區域化」；必須專注在一個定點上，排除所有其他外務；必須把注意力集中在每一個當下，才能應付瞬息萬變的時局。當生活被簡化成每次**一個**目標、**一個**時刻，也就變得可以管理了。於是，剩下的問題就只是：我此時此刻是不是爲了實現我的最高目標而活著？個人成長指南做得還更徹底，甚至爲每一種情況都規定了標準答案（彈性、穩定性等）。

個人成長指南的宗教性口吻明白顯示出，儘管它的目的是要指導個人達成眼前的目標，但在心理層次上它並不只是工具性的。就精神面來說，在如今這種網絡社會裡，如果一個人能夠全心全意相信某些清楚明確的方法的確具備救贖的力量，生活就可以變得輕鬆些。這正是爲什麼個人成長指南和基本教義派（fundamentalism）在網絡社會中愈來愈具吸引力的原因。

網絡社會的價值觀

有些人可能會問：我們爲什麼要費心從網絡社會的脈絡來分析個人成長理論？理由是，這樣的檢視可以間接地幫助我們闡明，柯司特在《資訊時代》一書中所提出的有關經濟網絡運作方式的中心議題。他問道，「網絡企業的倫理基礎，亦即資訊主義的精神」究竟是什麼？他又繼續更明確地問：「是什麼把這些網絡連結起來？它們純粹只是工具性的、意外的結盟嗎？某些特定的網絡可能是如此，但企業組織的網絡形式必定也有它的文化向度。」同樣這個問題，我們還可以在更廣義的層次來問：建立在資訊主義（新的資訊—科技範型）之上的網絡社會精神是什麼？柯司特本人並沒有回答這個核心問題，他只說資訊主義的精神是「曇花一現的文化」——這無異是說它並沒有任何集體的或恆久的價值。

當然，我們必須注意，要描述一個時代的主導精神絕非易事，而要闡述網絡社會的精神更格外困難，因爲它在不同的文化中依據不同的價值標準運作，而在這個時代，價值標準又隨時在迅速改變。因此，乍見之下網絡社會很像是個完全沒有價值標準的社會：

網絡企業願意配合任何一種文化去調整他們的產品（產品在不同的國家裡，針對當地的風土民情而有不同的版本和行銷方式），如果市場夠大的話，他們甚至願意將某些地方文化的價值觀予以商品化（譬如那些異國情調的商品）。與此同時，為了怕在全球資訊經濟的競爭環境中敗下陣來，各個文化也正在丟棄那些有礙於網絡企業活動的傳統價值。

儘管如此，在思考主宰網絡企業的精神時，我們不妨想想，當韋伯使用「資本主義精神」或「清教徒倫理」這些用語時，他指的並不是一個原封不動普及於各地的文化。他並不是要宣稱，所有受資本主義和清教徒倫理支配的文化都奉行相同的價值標準。其次，那些他認為促成新發展的價值觀和過去舊有的價值觀——工作和金錢——其實是大不相同的。

把這幾點釐清之後，我們便可以開始來描述引導網絡企業，乃至整個網絡社會的價值觀。儘管網絡社會因為它多樣的文化特徵，可能還包含了許多其他的價值標準，我們很有理由說，個人成長指南所傳授的成功七大要領——目標導向、最佳化、彈性、穩定性、勤奮、經濟、成果考核——也正是凝聚網絡企業的要素。儘管它們與舊有的倫理價值毫無相似之處，但這些**正是**傳統哲學意義上所謂的價值：意指，個人行動的最高指導方針。

除了社會以外，這些項目也愈來愈能適切地描述一個國家的價值觀（柯司特稱此類國家爲「網絡國家」）。我們可以說，它們已經體現了整個網路世界的主宰精神。這種精神會從企業界散播到整個國家，並不是一件太令人驚訝的事。如果我們想想，傳統的民族國家之所以願意加入像歐洲聯盟（EU）、北美自由貿易協定（NAFTA）、亞太地區經濟合作組織（APEC）這類國際間的聯合組織，有很大的成分是爲了在資訊經濟中追求繁榮興盛，由此可見，經濟目標已經逐漸主導了國家的策略行動。

這七項價值的內部還有階層區分：**金錢**是網絡社會支配精神的最高價值與目標，其他幾項價值則是用來幫助這個終極目標的實現。其中，**工作**仍然保有其特殊地位：尤其在國家層次，它仍被當成一個獨立的追求目標，不過即使如此，它也已慢慢變成附屬於金錢之下的一個價值。就像網絡企業是在科技潮流下應運而生的新形態企業，最佳化、彈性、穩定性、決心和成果考核等價值，也都可以視爲是資本主義爲肆應新的科技環境而發展出的賺錢新方法。

要瞭解這套價值觀的思考方式，羅賓斯給讀者的建議提供了很好的說明：「爲了要贏得我渴望並且應得的結果〔金錢〕，我的價值觀應該是什麼呢？……看看你可以丟棄哪些價值觀，而又可以增加哪些，以創造你眞正想要的生活品質。」還有：「站在我現在所處的職位來看，持有這種價值觀，對我有何好處呢？」照這種看法，價值觀純粹只是用來累積財富的工具——這點，韋伯已經從富蘭克林的價值體系中看出端倪了。

因此，雖然資訊經濟將新的價值觀帶進了舊資本主義的精神中，本質上，它們卻還是延續著「賺錢」這個舊有目標。作爲一個目標，金錢這個關鍵價值是很獨特的：當儘量累積最大財富成爲社會認同的目標時，因爲它的價值觀是大多數人都接受的，所以要實現這個目標時，一切都是在既有體系內進行，完全不需先對世界進行任何改造。這又連接到**彈性**這個價值觀；企業和政府不談改造社會，它們已經進步到有一套極具彈性的策略思考模式，旨在確保不論社會環境怎麼變化，都仍可順利地賺錢。如果某個方法行不通，它們隨時都準備好做調整，而其他不以賺錢爲目的的思考模式，則一律被貼上天眞的理想主義的標籤。

在資訊經濟的高速競爭之下，營運模式必須具有高度的機動性，於是企業的運作被分割成一個個的專案，而專案又更必須講求**目標導向**與**成果考核**。不論是由公司領導的總體專案，抑或由員工個別參與的小型專案，這種趨勢都清晰可見。每個專案都必須有明確的目標和時間表，並且有系統地按進度執行。尤其當資訊專業者能夠自由選擇工作時間和地點時，這點益顯重要：專案的目標和完成期限，變成工作關係最重要的決定因素。這類模式同時也逐漸影響了政府機關的運作。

對網絡企業而言，效率的**最佳化**是很重要的。這裡我們又必須談到自我程式化：網絡企業照著電腦和網路進行最佳化的方式，將公司的營運也予以最佳化。我們其實可以將商業網站資本家（dot-com capitalists）的企業新思維，視爲商業程序的再程式化。商業網站公司把商業程序當作一行行的程式碼來檢查：不需要的步驟（像是產品的通路行銷、批發商、零售商）都被淘汰，跑得太慢的副程式則採用新觀點全部加以重寫，好讓它執行得更快。

聘雇員工的制度同樣也被最佳化，情形猶如改善電腦網路一般。員工被視爲隨情況變動的人力資源網，公司企業以自己的核心技術爲根本，把員工當成網絡分支，視需要來連接或切斷某些技術分支。許多政府原先多半對勞工權有嚴密的保障，但現在由於有不少政府認可了彈性勞工的觀念，企業於是可以放手採用此種方式將程序和組織最佳化，以求得更高效率。

穩定性是最後一項由網絡社會精神所界定的價值。在國家的層次上，這個理想表現於許多政客都已經改口用**穩定性**這個新語彙，來取代過去常掛在口上的**正義**、**和平**等字眼。現在，歐洲聯盟要的是歐洲的穩定發展（比方說，南斯拉夫就簽定了東南歐穩定條約[Stability Pact for South Eastern Europe]）。美國想要穩定世界上各地區的情勢，而我們也看到亞洲同樣期望享有穩定的局面。就內政而言，政府擔心貧富差距會增加「社會的不穩定」，主要因爲它會防礙賺錢這個目標的實現——我們都知道，公司企業憎惡任何的不穩定，最令它們驚慌的就是變動不安的局勢。

在這樣的背景之下，我們現在可以瞭解，個人成長書籍的價值體系之所以如此受到網絡企業員工的熱烈歡迎，是因爲它們其實就是將企業本身的價值觀應用在個人生活之上。在個人成長指南裡，人們把自己的生活看成是個網絡企業，並且自問：我的目標爲何？我用來實現目標的策略是什麼？生活於是成了每季都要公布報表的專案計畫。

到頭來，網絡企業或個人的目標，跟電腦或網路所追求的理想其實是一樣的：那就是能夠有彈性地以最佳的方式來實現目標，而同時，又能在快速的步調中維持穩定性。

正是因爲這個現象，使得我們有必要來談談資訊主義（亦即當前社會的科技新基礎，尤其是電腦網路）的精神。網絡企業或政府，以及實踐個人成長理論的人，都是把由電腦和網路所標誌的資訊主義特質，應用到自己身上；於是，人的社會變成用電腦的邏輯在運作。

也正是這點讓我們對個人成長指南和網絡社會的主導精神提出質疑：問題並不在於這些原則能不能幫助大家達成目標，而在於，「人」的定義究竟是什麼？個人成長理論和網絡社會精神，把電腦網路的邏輯套用到個人及其人際關係之上，人被當成電腦來對待，彷彿他們腦裡安裝了程式，時時可以重設成功能更強的新版本。我們甚至有可能把整套個人成長理論翻譯成一個專供人類執行的小型電腦程式。羅賓斯就曾經明白地把人比喻成「心智電腦」（mental computer）。把人當作電腦的想法，被個人成長指南更進一步發揮，它還把人際關係當成電腦網路。羅賓斯寫道：「我發現對我而言，最棒的資源就是人際關係，因爲它替我打開了通向其他一切資源的門。」因此，先前我們討論到的支配個人行爲的價值觀，也適用於人際關係：大家應該和有助於自己實現目標的人物結交（連線），把那些無益、甚至有礙事業發展的當成「不良公司」，而與他們疏遠（切斷連線）。

從追求穩定到追求倫理

我們已經討論過的七項價值觀中，「穩定性」是最接近舊有倫理的一項；然而它和舊價值觀的不同處，卻也正顯示了舊價值在網絡時代的艱困處境。如果一個電腦網路不當機，不造成工作停擺，我們便說它是穩定的；同理，我們的新理想是一個不干預全球電腦網路中的金融市場運作的穩定社會。

讓我們更仔細來看看，將網路的性質應用到人群和社會，會對倫理道德有什麼樣的影響。爲了不斷追求最佳化，網路的邏輯會要不斷地連結或切斷各個資源，唯一的限制只在於必須確保網路的穩定性。但在實行上，要做到這點，就免不了得用某種生存哲學來取代倫理道德。爲了要在經濟競爭中求生存，各家企業必須將它們的網絡最佳化，那些跟不上腳步的，就被摒除在網絡之外。這套生存邏輯最反諷的一點在於：當愈多網絡出於生存壓力而決定裁汰平庸者，只接納資訊菁英，這時，這些菁英就愈有可能得擔心生存問題。資訊專業者將會意識到這樣的生存問題，當有一天，他在街上或自己家門口，出其不意地受到某個被淘汰者的暴力威脅；一時間，這個被網絡社會流放的人具有某種力量：這個資訊專業人員試圖找些適當的字眼，把他自己從這個危險的處境中解救出來，卻發現他的專業技能——資訊處理——完全幫不上忙。要解決這樣的問題，最簡便的方法就是強化「穩定」因素：例如增加警察人力，高層菁英則求助於個人保鑣。衍伸到國際上，這就類似最先進的國家視區域衝突影響全球經濟的程度，而決定是否要介入以「穩定」被排除在網絡世界之外的、開發中國家之間的戰爭。

回應這個**排外的網路邏輯**，一些駭客挺身捍衛網路普遍使用權的目標。支持這個理念的駭客團體之一正是網際網路的核心組織，網際網路協會（Internet Society）。他們的精神可以藉這項原則看出：「網際網路的使用權，不因種族、膚色、性別、語言、宗教、政治或其他立場、國家、階級、財富、家世或其他地位，而有所區別。」網際網路協會鼓勵網路的普及化，支持將網路技能教給所有被企業和國家發展所遺忘的人。這是一項龐大的工作。在本書寫作之時，全世界約僅有百分之五的人口能夠上網（其中半數在北美，非洲和中東的使用者總數比舊金山灣區還少），而全球半數的成人甚至連電話都未曾使用過❺。因此，在實行上，駭客們的努力還看不出顯著成果；不過，駭客藉著每年慶祝類似勞動節的「網路日」（NetDay），來提醒大家這項任務。「網路日」是個重要的象徵，它代表了一種不是只爲了求穩定，而是發自內心關懷每個人的理想。當然，只靠科技網路並不能造就出公平正義的社會，然而，如果我們要求經濟網絡（也就是勞資關係）層次上的公平，網路畢竟仍是不可或缺的必要條件。

未來，不太遙遠

把電腦的邏輯應用到個人和社會生活中，這使得眞正的道德精神很難得到發揮。將人和企業像電腦一樣最佳化，免不了造成一種**速度邏輯**，使我們的生活變得只是爲了求生存。在高速前衝時，社會目標變得和賽車選手所追求的一樣：保持車輛平穩，以免翻車。再次地，追求穩定的理想有取代倫理道德的危險。

有人也許會說，有一個速度點會構成「道德界線」，超過那一點，道德就不復存在，剩下的唯一目標只是如何活下去。結果，只有那些不必完全專注於每一個「現在」以確保生存的人，才有餘力去關心他人。也就是說，只有能夠從容不迫思考的人，才有能力講道理。

道德性的形成也需要長遠的眼光：要能預見目前發展的趨勢在未來可能造成的結

果；要能想像這個世界不斷改觀之後，會與如今有何差別。面對我們這個時代的第二個重要問題，駭客們同樣也只能提供象徵性的例子，來表達出願意用一種不同的、更關懷的態度，來處理人與時間的關係。舉例來說，希利斯就曾指出，人類社會是如此迅速地進展著，以致於人們只看得見眼前的東西，或者頂多也只能看到未來幾年會出現的東西，而那還得感謝時間的快速前進，讓幾年後的未來顯得不致太過遙遠。他在一九九三年寫道：「在我小時候，人們談論公元兩千年時會發生什麼。現在，三十年之後，他們還是在談公元兩千年時會發生什麼。在我的整個人生，未來總是愈來愈近，每年都會縮短一年。」

爲了反抗這種傾向，駭客們習慣騰出點時間來進行關於長遠未來的思考實驗。我們知道電腦駭客一向悠遊於未來學的領域，而且他們之中很多人是科幻小說迷，因此，也難怪會有一群駭客響應希利斯的號召，共同成立「漫長此刻基金會」（Long Now Foundation）。成立這個基金會的動機是要大眾重新思考對時間的觀念，它的主要計劃包括建造一座象徵並鼓勵大家做長程思考的大時鐘。希利斯寫道：「我想建造一座一年只跳一格的時鐘，它的世紀指針一百年才前進一次，裡頭的布穀鳥每一千年出現一次。我要這隻布穀鳥在往後一萬年裡，每逢一千年出現一次。」環境音樂（ambient music）之父布萊恩・伊諾（Brian Eno）也是這個組織的創始人之一，他將這座鐘命名為「漫長此刻之鐘」。推動造鐘計畫的其他人物還包括我們之前介紹過的電子邊境基金會創辦人卡波和布蘭德。

至於這座時鐘的模樣，有人提出各種不同的設計，包括在加州的沙漠蓋一個巨大的時間機器，或者像蓋布瑞爾建議的，蓋一座花園，裡面栽種的短期花卉代表季節的更替，巨大的紅杉則紀錄年歲的遞嬗。最近，基金會終於決定要將大鐘建在內華達州大盆地（the Great Basin）國家公園旁邊。

這座大鐘的重點當然不在於它的機械裝置，而是它能象徵性地為我們帶來一種不同的時間感。它旨在成為一個精神象徵，就像航空太空總署（NASA）於一九七一年發表的第一批從太空拍攝的地球全景照片一樣。這些影像讓我們可以將地球視為一個整體，同時又是無垠宇宙中的一個脆弱小行星，正因為如此，環境保護團體才會選擇它作為象徵符號。在「漫長此刻之鐘」的例子裡，科技從網絡社會主導的時間模式中被移開，轉而為另一種更人性化的時間韻律服務。它將我們帶離在高速下維持穩定的想法，讓我們做一個眞正有倫理精神的人。

表達關懷，抗拒冷酷

除了每年一度的網路日和漫長此刻之鐘，駭客們還有另一種表達關懷、抗拒冷酷傾向的重要方式，那就是直接去照顧那些在夾縫中求生存的人。有些駭客已經利用透過資本主義取得的資源，來幫助那些必須掙扎求生的人——儘管在這裡駭客的影響力也還是很有限，但是對於「你爲什麼想要賺很多錢？」這個問題，他們至少已經提供了另一套答案。他們並不認爲答案理所當然是爲了滿足個人的物質慾望，或者可以花錢使自己晉身重要地位；相反的，他們的回答是：如此就可以利用從功利的經濟體系中賺得的錢，來嘉惠那些受這個體制剝削的人群。舉例來說，卡波贊助一個全球環境衛生計畫，以消除由企業的不當行爲所造成的健康問題。一九九〇年帶著價值一億七千萬美元的股票和李奧．伯賽克（Leo Bosack）一起離開思科系統的珊狄．勒納，用那筆錢創辦了一個反對殘酷對待動物的基金會。

網路和電腦的機械邏輯阻斷了我們關懷他人的能力，而關懷卻正是一切道德行爲的起點。在資訊時代中，我們需要多想想，「關懷」這個理念所能帶來的另類思考，就像那些已經開始爲此而努力的駭客一樣。我們不能期望政府或企業會發展這樣的理念，因爲，歷史告訴我們，這些機關從來不是新倫理思維的源頭，根本的改變，一向是由懂得關懷的人所發起的。

結尾

7 休息，是爲了創造更多

我們已經討論過，網絡社會和清教徒倫理的七項主導價值觀是：金錢、工作、效能最佳化、彈性、穩定性、決心以及成果考核。現在我們可以來總結駭客倫理的七項價值，因爲它們在新社會的形成過程中，扮演了很重要的角色，並且也對前一章描述的資訊主義精神提出了嚴肅的質疑。

容我再次重申，我們必須牢記，只有一些電腦駭客是全盤接受這七項價值的，然而，由於在社會和邏輯意義上，它們都息息相關、密不可分，因此我們有必要將它們視爲一個整體來討論。

到目前爲止，本書的每一章都集中討論其中的一項價值。駭客生活的第一項指導價值是**熱忱**，也就是某些本質上有趣的事物，它能夠激發起駭客的強烈興趣，樂見追求它的實現。在第二章裡，我們討論了**自由**的概念。駭客們的生活並不是建立在單調乏味、專只講求效率的上班生涯上，他們所追求的，是要悠遊於有創意的工作和個人的愛好之間，並且在這樣活潑的生活節奏中，還享有遊樂的餘裕。駭客的**工作倫理**將個人興趣與自由融鑄起來，而這也正是駭客倫理中最具廣泛影響力的部分。

至於在第三和第四章討論的駭客**金錢倫理**，最顯著的一點是，許多駭客仍然遵循最初的駭客精神，他們不把金錢視爲工作的終極目的，而是以**社會價值**和**開放性**作爲他們行事的動機。這些駭客想要和他人合作，共同實現他們的理想：想要做一些有益於社群的事，得到同儕的稱許。除此之外，他們還允許大眾來使用、發展和測試他們創造的成果，好讓大家可以相互學習。儘管在資訊時代中，大部分的新科技還是從傳統的資本主義以及政府的研究計畫中發展出來的，不過，如果不是因爲駭客將他們的研究結果公開和大眾分享，某些最重要的產物——包括我們這個時代的象徵，網際網路和個人電腦——根本不可能存在。

如同我們已經討論過的，駭客倫理的第三個重要面向是駭客對網路的態度，或可說是他們透過活動與關懷這兩項概念來界定的**網路倫理**。**活動**一詞在這裡包括了：從事活動時擁有充分表達意見的自由；能夠保障個人創造自我生活形態的隱私權；並且積極地追求個人理想，拒絕做一個被動的接受者。**關懷**指的則是不帶任何目的、發自眞心對他人的關懷，並且期望藉此讓網絡社會擺脫它只爲求生存、非人性化的機制。他們的目標包括了：讓每個人都參與網絡，從中受惠，並進而對網絡社會的長遠發展產生使命感，直接去幫助那些被遺棄在生存邊緣的人們。這些目標現在都還只在發展階段，至於駭客們是否能像他們對工作和金錢方面所帶來的改變一樣，也在這方面發揮影響力，結果還有待觀察。

倘若一個駭客能夠完整奉行駭客倫理的這三個層次——工作、金錢和網路倫理——他就會得到整個社群最高度的尊重。當他能踐履第七項、也是最高的價值觀時，那他就成了眞正的英雄。這一項價值其實一直持續在書中出現，而現在，到了第七章，我們終於可以明確地來闡述它：它是創造力——也就是充滿想像地運用自我的能力，也就是能夠出乎意料地不斷自我超越，並且帶給世界眞正有價值的新貢獻。

家釀電腦俱樂部（Homebrew Computer Club）的湯姆・彼特曼（Tom Pittman），在

他的宣言〈來自機械的神祇，或眞正的電腦人〉（Deus Ex Machina, or The Tru Computerist）中透過描述玩電腦的感覺，說出了創造力的重要性：「在那一刻，身爲基督徒的我感覺到我似乎可以體會上帝創造世界時的那種滿足感。」

在看待創造性的態度上，駭客倫理與清教徒和前清教徒倫理又是迥然不同的。把彼特曼宏偉而誇張的比喻借用過來，正好讓我們可以用一種較詼諧的方式來結束這本書：那就是將清教徒、前清教徒和駭客三種倫理觀，同樣都放進第一章談過的「創世記」比喻中來討論。幾乎毋庸贅言，這種討論方式必然會超出大多數電腦駭客對駭客倫理的理解，然而我想，在這樣一本探討普遍而根本的人生哲學議題的著作裡，在它的最末章帶進這種神話向度無疑是恰當的。

清教徒版的〈創世記〉

創世記是一則意涵豐富的神話，每當「人的意義是什麼」這樣的問題被提出來時，它就免不了會被召喚進來。我們已經在第一章裡看到，在歷史上，它一直都像是一面重要的鏡子，反映出人們的工作倫理。同樣的，也反映出十幾個世紀以來，人們對創造與創造力的看法。

在前清教徒時代，奧古斯丁（Augustine）被「上帝爲什麼就在那個時候創造了世界」這個問題困擾著❶。到了十八世紀，清教徒萊夫博士（Dr. Lightfoot）想要計算出這個事件發生的正確時間，他根據聖經中的記載，最後推算出來的結論是：世界是在公元前四〇〇四年十月二十三日星期五上午九點創造出來的。星期五是上帝創造世界的日子，這樣的結果當然非常符合清教徒的工作倫理：世界始於一個工作日的開始時間，因爲世界存在的目的本來就是爲了要工作。

清教徒倫理將工作視爲天經地義的價值，這暗示著，人類因爲亞當夏娃被逐出伊甸園而失去的悠閒生活形態，其實並不眞的是損失。米爾頓（Milton）在他的十七世紀清教徒史詩《失樂園》（*Paradise Lost*）問道：如果人類本來就不應該吃禁果，爲什麼上帝會在樂園中央種植那棵樹呢？合於清教徒倫理的回答是，人類本來就註定要吃禁果：因爲，讓汗水從眉梢滴落，如此辛勤的工作，才是他們眞實既定的命運。

隨著清教徒倫理的演變，伊甸園裡的生活甚至變成只是給亞當和夏娃的一個教訓，讓他們知道，無聊閒晃其實是多麼不愉快的事。一個人無所事事時，就會去做些可以打發時間的事，像是吃東西，然後再把因此而發生的嚴重後果歸咎到他人身上。當個人必須獨自爲生存的意義負責時，這才是最困難的一種生活。因此在清教徒倫理中，所謂「找工作」找的其實不只是工作，同時也是在爲生命的意義尋求答案；而工作正提供了明確的解答：生命的意義就是做焊接、記帳、做公司的CEO，或任何一種工作。有了工作之後，人的生存意義可以很具體地被界定出來；有了工作，人們每早起床後就不必擔心要怎麼打發這一天。

在一個由清教徒倫理統御的世界裡，我們工作，因爲我們不知道不然還能做什麼——就像我們活著，因爲不知道還有什麼其他選擇。我們工作是爲了生活——過一個充滿工作的生活。換言之，我們爲工作而工作，爲生活而生活。傳教士威廉·史奈德（Wilhelm Schneider）宣稱，即使在人死後的天國生活裡，我們還是必須繼續工作，這樣才不會覺得永恆太過漫長！眞希望他千萬別說對。

清教徒倫理並不太看重創造力，當時典型的生產機構不外是政府機關，或者是戒律森嚴的企業；其中任一者都不鼓勵個人從事有創造性的活動。

我們可以做一個思考實驗來指出這些機構的反創造性，試想：它們會如何創造世界呢？如果有一個政府機關版的創世記，在執行任何措施之前，必然會先有沒完沒了的會議和提案審查，它看起來大概會像這樣：

世界創造專案委員會初次會議記錄

時間：公元前五〇〇四年十月二十三日上午九點

地點：天堂，第九層

出席者：上帝（主席）

天使長　米迦勒

天使長　拉菲爾

天使長　加百列（秘書）

缺席者：路西弗

1. 會議開始

上帝在九點整宣佈會議開始，並歡迎與會人士。

2. 核准議程

所提議程得到與會人士同意，成爲會議的正式議程。

3. 創造世界

對於主席所提「創造世界」之議，與會者展開一場熱烈討論。會中決定組成一個創造世界專案委員會，其職責爲根據主席所提原始構想，研擬出創造世界之策略。此策略將專注探討將被創造的世界，及其中所含一切細節。

4. 其他事項

會中決議將咖啡所配點心從鬆餅換爲甜甜圈，並應儘速辦理招標事宜。

5. 下次會期

下一次會議將在世界末日進行。

6. 會議結束

主席於十二點整結束會議。

[簽名]，天使長　加百列，秘書

創造世界策略報告，概要

諸位目前手中所持係「創造世界策略報告」之概要。此一策略案的詳盡計畫內容已另行編纂成一系列報告，並由「上帝研究基金會」出版。策略研擬過程中徵詢的各專業天使所提出的專家意見書，亦一併列入系列報告中。

本規劃乃基於以下認知，即世界的創造首應著重其實質內容，而非外在科技。長遠來看，單僅創造科技基礎設施，如陸地、光、穹形天頂等，實仍有欠缺；亦宜兼備內容製作之技能。故吾人應另行執行六項前導計劃，以發展生命形式，作爲該世界之內容。

世界的形象

世界中需有生命，其職責在爲世界創造繼起之生命。

建議行動

世界的創造將從下列六大重點前導計畫來推展：

1. 創造天和地

2. 創造光
3. 創造空氣和水
4. 創造植物
5. 創造動物
6. 創造人類

策略委員會的執行規劃爲：在進入下一階段後，上開之每一前導計劃將各自成立專責之工作小組。

□

如果是私人企業版的創世記，那麼聖經的一開頭就會是一紙合約，其中創造世界的部分只會在一開始時稍微提到，隨即帶入正題，載明個人的權利與義務：

合約

立契約人　世界的創始人（以下簡稱上帝）及被授與世界使用權之一方（以下簡稱

人類），於大洪水後之公元前二三四七年二月二十七日訂立本契約書。雙方同意下列條款：

合約內容

1. 人類承諾懺悔所犯罪過，並自即日起以更符道德的方式生活。懺悔與贖罪必須在雙方協議的期限之內完成：亦即，每一人類的一生。

2. 上帝將授予人類恩典，該物包含下兩項要素：

——未來不再施放洪水

——永生

上帝將分兩次授予恩典。第一項，不再施放洪水，於合約簽署後立即生效；第二項，永生，將於世界末日當天，審核人類的表現，確認合格後再行授予。

權利

3. 本約第二條所述恩典（亦即寬恕與永生）之分配和使用權將完全歸屬於上帝。所有以「世界」與「永生」爲名稱之產品，其唯一所有權亦完全屬於上帝。

4. 競爭優勢之保障：人類不得與任何上帝的競爭對手簽訂任何目的與本約所表達者類似的協議。

罰則

5. 人類若無法履行本契約所規定之義務，上帝有權以任何他在永恆時間內發明之任何方式折磨人類。人類則不具有任何懲處權。

合約爭議的解決

6. 因本契約而涉訟時，上帝與人類同意以赫爾辛基巡迴法庭為管轄法院。

公元前二三四七年二月二十七日

立契約人：

（代表全人類）諾亞　　上帝

見證人：

閃　　　　　　　　　　　　含❷

在駭客模式裡，誰想做什麼就直接做了起來，不需要有任何官僚的嚴謹程序；有什麼創造成果也直接交給其他人，不需要簽訂任何複雜的契約條款。

創世記，前清教徒版

前清教徒時期的創世觀又與清教徒倫理不同。根據前清教徒時期教父的說法，上帝並不是在星期五創造世界；正好相反，那個人們在其中完全不需工作的樂園，非常恰當地，是上帝在星期日創造的。星期日也是耶穌基督復活升天的日子。公元二世紀的教父，殉道者猷斯定（Justin Martyr），在他所寫的《護教書》中，基於這些理由而讚美星期日：

星期日是我們大家照慣例聚會的日子，因為它是上帝改變了黑暗與萬物，創造了世界的第一天；而我們的救主耶穌基督也是在這一天復活的。

清教徒倫理頌揚星期五，前清教徒倫理崇拜星期日。這種評價上的差異也可見於星期日在前清教徒時代被視爲一週的**第一天**，現在則通常被視爲一週的**最後一天**。

若說清教徒倫理是以工作爲中心，我們大概也可以說前清教徒倫理是以休閒爲中心的。不過，重視休閒不見得比強調工作的清教徒倫理更能鼓勵創造性，因爲，他們把休閒定義爲不工作，而不是可以拿來善用的時間。回顧歷史，我們可以很清楚地看到這種態度所造成的結果：從公元肇始直到公元一千五百年的這段期間，創造性相對較爲貧乏，尤其是在科學的領域上。從奧古斯丁以降，前清教徒教父們最關心的典型問題是：**爲什麼**上帝創造了世界？從他們的觀點來看，這的確是個問題：因爲照理講，既然前清教徒的上帝如此重視休閒，他應該不會自找麻煩去創造任何東西。

超越星期五和星期日

到目前爲止，我們在書中一再使用駭客擁護星期日以對抗星期五的譬喻，不過提到時總會加上某些但書。當我們重新檢視清教徒和前清教徒倫理各自對創造的看法之後，便能夠釐清這些但書的重要性，並據此指出，駭客倫理其實與星期五和星期日倫理**兩者**，都有根本上的不同。

從駭客的觀點來看，強調休閒可能和強調工作同樣令人不悅。駭客們想要做些有意義的事，他們想要創造。雖然他們避開缺乏創造可能性的工作，他們也不認爲安逸休閒就是理想狀態。一個沒有任何事可做的星期日可能和星期五一樣令人難以忍受。一想到天堂是永恆的星期日，許多無神論者難免認同馬基維利（Machiavelli），覺得他們寧可下地獄，也不要上到一個空虛無聊的天堂（他們時常想到的是但丁《神曲》裡地獄的前院，在那裡，古代的偉大哲學家和科學家仍被允許進行他們創造性的研究）❸。

駭客們並不認爲休閒理所當然比工作有意義，一切端視如何工作，如何休閒。要尋求一個有意義的生活，我們必須拋開工作／休閒這個二元架構；只要我們還是在爲工作或休閒而活，那就不算眞正活著。生命的意義無法在工作或休閒中尋找，而必須是得自於活動的本質——出於興趣，出於社會價值，出於創造。

彼特曼談論創世記的方式與此非常切合。根據他的說法引申，我們可以想像，駭客們會這樣回答奧古斯丁的問題：完美無缺的上帝其實完全沒有**需要**做任何事，但是他**想要**創造。駭客們認爲，創造性是一種內在價值；要描述創造的心理，我們可以不要把創世記的開頭視爲世界的誕生，而比較平實地，將它看成一個創造活動的經驗：

起初神創造天地。地是空虛渾沌，淵面黑暗，神的靈運行在水面上。神説，要有光：就有了光。神看光是好的。

在創世記裡，就在創意湧現的那一刹那，黑暗頓時轉爲光明，上帝像任何一個藝術家一樣，喊道：「啊！這就對了！」在那一刻，他可不是任何常人：他是祂——一個造物主。他感到自豪，覺得：「嗯，我好像很擅長做這些事。」

創世記可以被看成是一個爲創造而創造的故事。在裡頭，天賦有了最富想像力的發揮。它反映出了當一個人超越自我，對自己的創作感到驚喜時所體會到的喜悅。每天，上帝都想出一些更奇特的點子，像是：來創造一些兩足無毛、直立行走的生物如何……他變得如此熱衷於爲他人創造世界，甚至願意爲此連續六個晚上熬夜，直到第七天才休息。

由於駭客倫理格外強調創造性，因此它在根本上和清教徒與前清教徒倫理都是明顯有別的。根據駭客精神，生活的意義既不在於星期五，也不在於星期日；他們將自己定位在星期五與星期日的文化之間，因而代表了一種眞正的新精神。我們不過才剛剛開始瞭解它的重要性。

後語
資訊主義與網絡社會

曼威・柯司特（Manuel Castells）

在社會的變遷過程中，科技是一個基本維度。透過文化、經濟、政治和科技因素之間複雜的交互作用，社會逐漸地演進和改變，所以我們必須把科技放進這個多維矩陣中，才能得到對它的理解。然而科技也有它自己的動力。在一個社會中發展和蔓延的科技，會反過來決定性地塑造該一社會的物質結構。科技系統會以緩慢的步調逐漸演進，直到發生某項重大的定性變化——由某項科技革命，迎進一個嶄新的科技範型。範型的概念是由知名的科學歷史學家孔恩所提出的，他用這個概念來解釋科學革命如何造成知識的蛻變。範型是一種用來設定成效標準的概念模式，它把新發現整合進一個內部和諧的完整關係系統——內部和諧在此指的是，相較於一個個獨立的系統元素，結合起來的系統可具有更大的價值。科技範型將可納入的相關科技圍繞著一個核心排置起來，以增進每一項科技的使用效能。**科技**一詞，我們在此依照一般用法，指的是利用科學知識建立起的一套可重複的操作程序。

因此，工業革命構成了工業主義（industrialism），這個範型的特徵是：它具備了單憑人造機械就能生產和輸送能源的能力，因而不必仰賴自然環境。由於能源是各種活動的主要資源，透過能源生產方式的改變，人類可以大幅提昇他們駕馭自然及控制自我生存環境的力量。不同領域的科技會圍繞著一個科技革命的核心聚集成群。能源科技的革命（先是蒸氣動力，然後是電力）奠定了工業主義的基礎；機械工程、礦冶工程、化學、生物、醫藥、交通，以及其他眾多的科技領域結合在一起，共同組成了一個新的科技範型。

這個科技基礎，導致新的生產、消費和社會組織形態出現，最後它們共同形成了工業社會。工業社會的主要特徵包括了工業廠房、大型企業、理性化的官僚制度、逐步消失的農業人口、大規模都市化的過程、爲了便於運作而逐漸向中央集權的政府體制、大眾傳播媒體的崛起、全國性與國際性交通網的建立，以及強大毀滅性武器的發展。我們可在各種文化和制度上看到工業主義的影子。雖然工業資本主義與工業國家主義（industrial statism）是兩種敵對的社會組織形式，但是它們在物質基礎上其實具有基本的相似性。歷史、文化、制度以及不斷演變的政治宰制模式，這些因素造就出了各式各樣的工業社會，像是日本和美國，瑞典和西班牙；然而他們事實上只是同一個社會科技物種——工業主義——的歷史變體。

二十一世紀的科技範型

資訊主義行將取代工業主義，成爲二十一世紀的宰制矩陣的科技範型；或許上述的比喻可有助於解釋資訊主義的意義與重要性。誠然，工業主義並不會在一天，或是數年內消失。歷史的轉變過程，是由新崛起的一方逐漸吸納先前的社會形式，所以，實際的社會會比爲了闡述之用而建構的理想型要混亂得多。我們要怎樣才能知道一個範型（如資訊主義）能夠壓倒別的範型（如工業主義），進而佔據主導地位呢？很簡單，只要它在財富與權力的累積上有更優越的表現。歷史的轉變是由贏家的世界所塑造的——請注意，這麼說並不代表任何價值判斷。我們無從知道，對人類而言，生產更多或生產得更有效率，是否就更有價值。「進步」這個理念，純粹是一種意識形態。一個新的範型是好是壞，或是中性的，端看是從誰的角度、價值或標準來衡量。不過在實踐上，如果某一範型能藉由消滅對手來排除競爭壓力，我們就知道它已具有主宰權了。如此說來，正在取代、吞食工業主義的資訊主義，正是我們社會的主宰範型。但是，什麼是資訊主義？

資訊主義是一個科技範型。它所指的是科技，而不是社會組織，也不是制度。資訊主義爲某種特定類型的社會結構提供了基礎；這種社會，我稱之爲網絡社會。沒有資訊主義，網絡社會無法存在，儘管如此，這種新的社會結構並不是資訊主義製造出來的，它是由更廣泛的社會演化模式所產生的。我將在後面詳細探討網絡社會的結構、起源與歷史變易（historical diversity）。但是，請容我先把焦點放在它的物質基礎結構——作爲一種科技範型的資訊主義。

資訊主義的特徵，並不在於知識與資訊在製造財富、權力與意義上所扮演的重要角色。從歷史發展的過程來看，知識與資訊若不是在所有社會中都極重要，至少對許多社會是如此。在不同的時代，知識必然會以不同的形式出現，我們可以說，知識（包括科學知識在內）永遠都具有相對性。今天被接受爲眞理的，明天很可能會被歸入錯誤的一類。的確，過去這兩百年來，科學、科技、財富、權力和通訊之間的互動，比以往還更緊密。但是，如果不管古羅馬公共建設的工程技術和他們的通訊模式，不理會羅馬律法裡政府和經濟活動的法律條文，也不管拉丁文的成熟所帶來的資訊流通和思想交流，那麼我們也就無法眞正瞭解古羅馬帝國。縱觀歷史，知識、資訊及其科技基礎，一向與政治軍事的宰制、經濟的繁榮和文化霸權的建立有著密不可分的關係。所以我們也可以說，所有的經濟都是知識經濟，所有的社會骨子裡都是資訊社會。

我們這個歷史階段所特有的，是由（以一群新的資訊科技爲核心的）資訊科技革命所帶來的新科技範型。它的新，在於處理資訊的科技，以及這些科技對知識的產生與應用所帶來的衝擊。這是爲什麼我避開知識經濟或資訊社會，而採用資訊主義這個概念：一個透過微電子和基因工程革命，來增強人類的資訊處理能力的科技範型。然而，和歷史上出現過的資訊科技革命（例如印刷術的發明）相較，這些新科技到底有何革命性呢？印刷術的確是一項重大的技術發明，爲每一種社會都來深遠的影響——儘管它爲歐洲早期現代社會所帶來的改變，比起更早發明印刷術的中國還要大的多。但是，我們這個時代的資訊科技具備了更高的歷史重要性，因爲它們所帶進的新科技範型具有三個主要的、顯著的特性：

1. 在數量、複雜性及速度等三方面，具有自我擴張的處理能力
2. 再結合的能力
3. 分散式的彈性

現在就來談一談這三個構成新資訊範型本質的特性。我會先把微電子工程和基因工程這兩項基本科技領域分開來個別處理，然後再討論它們之間的互動。

微電子革命包含了微形晶片、電腦、電子通訊，以及它們之間的聯繫。軟體研發是推動整個系統運作的關鍵科技，但是在整個系統的設計裡，積體電路掌握了運算能力。這些科技大大提昇了資訊處理的能力，不僅是資料的數量，還包括了運算的複雜度及處理的速度。然而，跟先前的資訊處理科技相比，怎樣才算是「遠大於」呢？我們如何知道現在的資訊處理能力具備前所未有的大躍進呢？

答案的第一個層面純粹是經驗事實。從任何一項衡量資訊處理能力的數據來看，無論是位元數、反饋迴圈數和速度，過去這三十年來，資訊處理的能力呈現幾何級數的成

長，另外運作成本也以同樣驚人的速率下降。但我在此要提出一項假設：除了計量方面的增加之外，在定性方面也有很大的變化——因爲藉由這些科技產生的知識，又可以回饋到科技的發展，這樣的良性循環促使它們能夠自我增長資訊處理的能力。這是一項冒險的假設，因爲微晶片裡所能放入的電路或有可能終會到達物理極限。但是到目前爲止，製造技術的突破卻一次又一次地打破了每一個危機預言。也許當前對新材料（包括生物材料，以及在DNA上做的化學性資訊處理）的研究將會再大幅度提昇整合的層次。透過奈米科技（nanotechnology），平行處理以及將軟體整合進硬體裡的趨勢，可能會成爲增進資訊處理自我擴張能力的新來源。

所以，下面是這個假設的正式版本：在資訊科技革命的前二十五年，我們看到了處理資訊的科技具有自我衍生和擴展的能力；目前的極限很可能會被刻正進行中的新一波創新所超越；並且（最關鍵的一點），如果有一天這些科技的資訊處理能力到達了它們的極限，那時將會有一個新的科技範型出現，此範型的形式和科技是我們今天無法想像的，或許只有在未來學家的科幻小說場景裡頭才會看得到。

微電子科技的另一特徵，是它們能夠透過任何方法重組資訊的能力。這就是人們所說的全球資訊網，而我寧可依照尼爾森（Ted Nelson）和柏納李的傳統，稱呼它爲超文字（hypertext）。網際網路的眞正價值，在於它可以連結位於任何地方的任何資料，將它們結合重組在一起。如果柏納李當初構想的全球資訊網能夠普及，那麼這一特質會更明顯，因爲他的原始設計有兩個功能：瀏覽器和編輯器，而不像現在，只是將瀏覽器和資訊提供者連接到一個電子郵件系統上而已。尼爾森的仙那度（Xanadu）顯然只是一個理想中的烏托邦，不過誠如尼爾森所相信的，網際網路眞正的潛力在於它能夠重組現有的資訊，並且讓每一個超文字的使用者和生產者，能根據即時決定的特定目的來進行交流。重組是創新的來源，特別是如果重組出來的產物本身可再支援往後的互動，成爲愈來愈有意義的資訊的話。新知識的產生永遠需要運用理論來重組資訊，是以能使用多樣的來源來進行重組實驗，必能大幅拓展知識的領域，同時亦能建立不同領域之間的關聯——這也正是孔恩的科學革命理論裡說的知識創新的泉源。

新資訊科技的第三個特質是彈性，亦即它們可以把處理能力分散到不同脈絡和應用情況的彈性。網路科技的爆炸性發展（如一九九○年代發明的Java和Jini語言）、行動電話的驚人成長率，以及即將出現的行動網際網路（指各種不同的行動裝置，均可以利用行動電話科技上網）的全面發展，這些關鍵性發展在在顯示了資訊處理能力——包括網路通訊的能力——將變得隨處可得，只要有科技基礎設施，並具備使用知識就可以。

我會更簡潔地來解釋資訊科技革命的第二個部分——基因工程。經常有人會認爲它跟微電子科技毫無關聯，事實卻不然。首先，分析其性質即可看出，它的主要目的集中在解讀基因——生物的資訊密碼——最後希望能重組基因，所以這些科技顯然屬資訊科技。其次，微電子科學和基因工程間的關係比我們所想像的還要密切。若不是強大的計算能力和先進軟體所提供的模擬功能，人類基因體計畫（Human Genome Project）不會那麼快完成，科學家也無從找出特定基因的功能及其所在位置；另一方面，生物晶片和化學微晶片也不再是科幻小說的幻想。第三，物理學家卡普拉（Fritjof Capra）革命性的理論作品指出，這兩個科技領域在具有網路、自我組織和突現性質的分析範型上，進行理論性的聚合。

在二十一世紀初才開始釋放其革命性力量的基因工程科技，也同樣具有自我擴張的資訊處理能力，以及自我重組和分散式的能力等特徵。首先，人類的基因圖譜的出現，還有日漸增加的其他物種和亞種的生物基因圖譜的完成，使得生物處理程序的知識可以被銜接起來，逐漸累積，因而改變了我們對這些程序的瞭解，這些程序是在過去只靠觀察所無法得到的。

其次，DNA密碼的重組能力正是基因工程研究的課題，這也是基因工程和先前的生物實驗科學不同的地方。但這裡有一個更微妙的創新值得注意：第一代的基因工程大多不幸失敗，原因是研究人員將細胞當成孤立的個體來研究，不瞭解生物學就像資訊處理一樣，環境與脈絡其實才是最重要的。細胞的存在，建立在它與其他細胞的關係之上，因此科學重組策略的研究對象，是透過密碼交流的細胞互動網，而不是個別獨立的指令。這種重組的複雜度，使得我們無法從單一線性的觀點來研究它，唯有透過大型電腦平行處理的模擬技術才能勝任。突現性質（emergent properties）是存在於基因網絡中，聖塔菲研究院（Santa Fe Institute）的研究人員就提出了一些模擬模型。

第三，基因工程的潛力正在於，它可以在不同物種的不同個體（或系統）的不同部位，重組其基因密碼，並且改變它們的通訊協定。基因轉殖（transgenic）與生物的再生程序，正是基因工程的兩個尖端研究課題。基因藥物便是用來引導加強生物細胞的自我程式化能力——這正是分散式資訊處理技術的終極表現。

值得附帶一提的是，基因工程淸楚地告訴我們，如果我們不考慮這個非凡的科技革命的社會脈絡、社會用途及其社會影響，就給予它正面評價，那會是嚴重的錯誤。我無法想像還有什麼科技革命會比操縱生物的基因密碼更具革命性。同樣的，如果基因工程脫離了人類就文化、倫理與制度的角度共同控制科技發展方向的能力，我也無法想像還有什麼科技會比遺傳工程更危險、更具毀滅性。

在資訊主義的基礎上，網絡社會出現並擴散至全球的每一個角落，成爲目前社會結構的主導形式。網絡社會是一個由資訊網路形成的社會結構，並由資訊主義範型的科技特徵在背後推動。這裡說的**社會結構**，指的是人類在生產、消費、經驗和權力關係裡的組織化配置，在文化框架中可表現出有意義的互動。網路是由一組相互連結的節點所組成；節點是一條曲線截斷的那一點。社會網絡跟人類文明一樣久遠。但是因爲新的科技強化了網路固有的彈性——同時解決了長久以來，網路在與階層式組織相競爭時的協調問題，並且排除阻滯網路的障礙——如此遂使得社會網絡在資訊主義下又重獲新生。網路以一個互動模式，把它的運作與決策權分散至網路上的每一個節點。依照網路的定義，網路沒有中心，只有節點。節點或許大小不一，因而重要性有別，但是每個節點對網路來說都是不可或缺的。當一個節點變成累贅時，網路通常會自我重新組織，將多餘的刪除，並加入新的、較具效益的節點。節點也會經由吸納資訊和更有效的處理資訊，來提昇自己在網路裡的地位。在網路裡，一個節點的重要性並不是來自它的特定功能，而是取決於它可否貢獻有價值的資訊給網路。在這個意義上，如果我們不從指令邏輯，而從網路邏輯來評斷節點的效率，主要的節點並非中心節點，而是交換機（switches）和通訊協定。網路的運作，所根據的是二元邏輯（binary logic）：納入或排除。就社會形式而言，它們是價值中立的。節點與節點之間，可以共生，也可以互鬥至死，其中不摻雜任何情感因素，一切端看網路的目的爲何，以及怎樣能用最優美、最經濟與最能自我複製的形式來執行它的目標。就此而言，網路可算是一個自動機（automaton）。在一個社會結構中，網路的程式是由社會成員和機構所寫的，可是一旦完成後，由資訊科技爲動力的資訊網路，便開始將它們的結構邏輯施加在人類身上，直到他們的程式被改變爲止——這通常得付出極高的社會和經濟成本。

在將這個形式分析應用到實際的社會運作之前，我將簡略地描述此種網絡社會根本結構的一些特徵。

網絡社會的特徵

首先，新經濟是建立在網路上的。作爲資金與價值來源的全球金融市場，係建立在處理電子信號的網路之上，這些信號有時是經濟計算的結果，但也經常是由各種來源發出的資訊紊流所產生的。這些信號，以及它們在金融市場的電子網路裡被處理之後的結果，就是每一個經濟體系裡指定給各項資產的實際價值。全球經濟是環繞著生產和管理的合作網路而建立的，跨國企業與它們的輔助網囊括了GGP（gross global product，全球生產毛額）的百分之三十，以及國際貿易量的百分之七十。企業存在於網路中，同時也透過網路作業。大型企業的內部網路是分散式的。中、小型企業則共同組成合作網路，以期在匯集資源的同時，仍能維持各自的彈性。大企業在策略聯盟的基礎上，透過不同組合的企業網路運作，這些聯盟隨著產品、製程、市場或時段而改變。然後這些企業網路又再與中小企業的網路連結起來，形成了一個網中有網的網路世界。此外，我所謂的網絡企業，經常透過專屬網路來與顧客和供應商連結，例如電子業界裡的思科系統或戴爾電腦所新闢的商業模式即是。在我們的經濟體系中，實際的運作單位，是在特設（ad hoc）的商業網路中運轉的商業專案。這種模式的複雜度，唯有靠資訊主義的工具方能管理。

這個網狀的生產、配銷與管理形式，大幅增加了生產力和競爭力。由於新經濟的網路擴展到世界各地，透過競爭逐漸淘汰了效率較差的組織形式，網路化的經濟在各地都成爲主流的經濟模式。那些在這個經濟體系中表現不佳，或在主要網路眼中無利可圖的經濟單位、區域和人民，便被遺棄了。另一方面，任何具有潛在價值的資源，無論是什麼東西，無論來自什麼地方，都被連結和設計到新經濟的高生產力網路之中。

在這種條件下，工作被個人化了。由於這個經濟體系是受科技創新和企業靈活性所驅動，管理階層與員工之間的關係，因而是透過個別的安排來界定，評估表現的標準，則在於員工或經理人爲執行新任務、新目標而自我程式化的能力。我們不能說這種工作分配模式一無是處。這是一個充滿得失成敗的世界，但大多數的時候，它還是一個任何人都可能隨時被淘汰出局，沒有絕對的贏家或輸家的世界。它也是一個創造與毀滅的世界——同時具備了創造性的毀滅，以及毀滅性的創造。

文化的表現隨著繽紛多樣的全球電子超文字系統發展成形。人們的溝通、創造環繞著網際網路和多媒體構成超連結。這個媒體系統的彈性有助於吸收最多樣的意見，自我設定欲接收的訊息。儘管個人經驗或許存在於超文字之外，集體經驗與共有的訊息——亦即文化這個社會媒介——卻大部分被含括在超文字之中。作爲我們生活中的語意架構，它構成了**眞實虛境**（real virtuality）的來源：虛境，因爲它是建立在電子迴路和時效短暫的視聽訊息之上；眞實，因爲這個全球超文字網提供了我們在各種經驗領域中，用來建構意義的聲音、影像、文字、形體和內涵，這就是我們生活的現實。

政治本身也逐漸以兩種方式被涵蓋進媒體的世界裡：一是接受它的符碼（codes）與規則，或是藉由創造和賦予新的文化意涵，試圖改變原本的遊戲規則。無論哪種方式，政治都已經變成超文字的一種應用，因爲它的文字直接進行重組，以配合新規則。

是的，網絡社會之外還有其他的生活圈：像是反對主流價值，並獨立建構其意義基礎的基本教義派文化公社；有時候是自我建構的另類烏托邦；或者更常見的，是上帝、國家、家庭、種族、地域性這些超越性的眞理。因此，這個星球還沒有被網絡社會所支配，正如工業社會從未眞的控制全人類一般。不過，這種工具性的網絡邏輯，已經將全世界大部分地區的社會主要部門，以結構邏輯連結起來；如前述，此種結構邏輯已具體表現在新的全球網路化經濟，彈性的個人化工作形態，以及形諸電子超文字的眞實虛境文化。

根植於資訊主義的網路邏輯，也改變了我們運用時間和空間的方式。網絡社會的特徵，流動的空間，透過在電路和高速傳播管道的基礎上共享的功能與意義，將相隔遙遠的地點連結起來；同時，它又隔離並抑制了一個場所過去原有的空間感。此外，有一種新的時間形式——我稱之爲超時間的時間（timeless time）——被兩項系統趨勢塑造出來：其一是將線性時間壓縮到小得不能再小的地步（例如瞬息萬變的金融交易），另一則是對時間順序的模糊化，觀察社會對專業的成功典範的看法，已逐漸由「彈性女性」（flexible woman），取代了循例逐級晉昇的「組織男性」（organization man），從這個現象便可看出此一趨勢。

在這場金融、科技與資訊的全球網絡旋風中，民族國家並沒有如全球化先知們所預言的垮台；他們採納其結構與運作方式，自己也轉化成網絡。一方面，它們建立超國家的（supranational）以及國際性的共管機構，其中有些具有很高的整合度（如歐盟）；有些較鬆散，如北大西洋公約組織或北美自由貿易協定；再有些則在責任義務的分配上並不對稱，如國際貨幣基金（International Monetary Fund）便將全球市場的運作規則，強行施加在開發中國家的經濟體系之上。另一方面，在全球的大多數地區，政治去中心化的過程也正在發生；資源從中央政府轉移到地方政府，甚至非政府組織的手中；各方一致爲了重建合法性，並增加處理公共事務的彈性而努力。這些同時朝向超國家與地方性發展的趨勢，導致了一種新的國家形式——網絡國家。看來它似乎是最能禁得起網絡社會旋風的組織形式。

這個網絡社會是從哪裡來的？它的歷史成因爲何？它的興起是二十世紀最後二、三十年，三個獨立現象恰巧同時發生的結果。

第一個現象是資訊科技革命，它的關鍵要素共同在一九七〇年代構成了一個新的科技範型（記得一九六九年的Arpanet；一九七九年的USENET；一九七一年積體電路的發明；個人電腦，一九七四至七六年。至於軟體革命：UNIX在六〇年代晚期設計，於一九七四年公開；TCP／IP通訊協定於一九七三至七八年設計；DNA重組［recombinant DNA］則在一九七三年）。

第二個現象是兩個對抗的系統——資本主義和國家經濟主義（statism）——進行社

會經濟重組的過程。它們各自於一九七三至七五年（資本主義）、一九七五至八〇年（國家經濟主義），經歷了因爲內部矛盾造成的重大危機，最後也都藉由政府的新政策，以及企業的新策略來化解這些危機。資本主義的改革確實奏效，國家經濟主義的結構重組卻失敗了。因爲，正如我在和愛瑪・金塞優娃（Emma Kiselyova）對蘇聯解體的研究中所主張的，國家經濟主義固有的侷限性，使得它無法將資訊科技革命內化，並且善加運用。相反的，資本主義則透過資訊生產力、法令鬆綁、自由化、私有化、全球化以及網絡化等措施，避免它朝向毀滅性通貨膨脹的內在結構趨勢，進而奠立網絡社會的經濟基礎。

促成這個新社會的第三個原因是一股文化和政治的浪潮，這裡指的是一九六〇年代末、七〇年代初期，在歐洲和美國興起的社會運動中所提倡的價值，還有一些當時在日本和中國發生、自成一格的同類運動。儘管女性主義和環境運動還進一步擴充自由的觀念，從根本上挑戰父權主義與生產主義的體制和意識形態，然而這些運動基本上都是偏向自由主義的。這些運動是文化性的，因爲（不同於它們在二十世紀裡的多數前身）它們的焦點並不在於奪取國家權力或重新分配財富。相反地，它們在經驗的範疇中活動，抗拒既定的體制，藉此尋求新的生命意義，並且要求重新訂定個人與國家、個人與企業組織之間的社會契約。

這三個現象各自獨立出現。它們在歷史上同時發生，並且在當時的不同的社會中有不同的組合，這些都是出於偶然。這就是爲什麼過渡到網絡社會的過程，其速度和形貌在美國、西歐以及世界其他地方都有所不同。在工業或前工業社會體制與規章愈是根深柢固的國家，它們蛻變的過程就會愈緩慢，也愈困難。在談論邁向網絡社會的不同途徑時，我並不意味任何的價值判斷：網絡社會並不是資訊時代的終極樂土。它只是一種新的、特定的社會結構，對人類福祉將會帶來什麼樣的影響，還是未知數，一切端視其發展的環境和過程而定。

推動資訊革命的力量

這個歷史意外地創造了我們今天的二十一世紀世界；而構成這個歷史偶然的關鍵要素之一，則是資訊主義這個新的科技範型。它的起源爲何？戰爭。回溯歷史，戰爭，不管是熱戰或冷戰，一向都是促成科技發明的根本因素。最終促成資訊科技革命的新發現，大多數源自於第二次世界大戰，冷戰則對這些研究的進展，具有決定性的影響。的確，網際網路的前身Arpanet，並不眞的是軍事科技，雖然其中的關鍵技術（封包交換和分散式網路）是由蘭德公司（Rand Corporation）的保羅・貝倫（Paul Baran）發展出來的。他向國防部提案建立一個能夠在核子戰爭中存活下來的通訊系統，這些技術是計畫的一部份。但他的提案一直沒有通過，國防部裡設計Arpanet的科學家，一直到建造好電腦網路之後才得知貝倫的研究。儘管如此，倘若沒有五角大廈高等研究計畫署（Advanced Research Projects Agency, ARPA）的支持，給予充分的研究資源和創造自由，計算機科學在美國的發展不會如此快速，Arpanet不會被造出來，電腦網路也會大不相同。同樣的，即使微電子革命在過去這二十年裡多半獨立於軍事用途之外，但是在從一九五〇年代到六〇年代初的關鍵發展階段，矽谷和其他的主要科技中心其實高度依附於軍事市場，以及他們提供的豐厚研究經費。

研究型大學也是這場科技革命的主要溫床。我們甚至可以說，其實是學院裡的電腦科學家，爲了科學發現和科技創新，利用國防部的資源來研究計算機科學，尤其是電腦網路，反倒不考慮它們直接的軍事用途。實際的軍事研究是在國家級的實驗室裡，在高度安全戒備的狀態下進行的，而儘管它們具備卓越的科學潛力，卻鮮有創新的研究成果從這些實驗室流出。他們就像蘇聯體制的反映，連命運也是相同的：他們成了碩大的創造力墳墓。

大學以及各大醫院和國家衛生院附設的研究中心，是生物學革命的重要發源地。克里克（Francis Crick）和華生（James Watson）於一九五三年在劍橋大學發現DNA雙螺旋結構；在一九七三到七五年之間，導致發現重組DNA的關鍵研究，則是出自史丹福大學以及舊金山的加州大學。

企業也扮演了重要的角色，不過不是知名的大企業。AT&T在一九五〇年代用它在微電子技術的專利權，去換取電訊業界的獨占地位，之後又在一九七〇年代放過了管理Arpanet營運的機會。IBM並沒有預見個人電腦革命的來臨，一直到後來才趕搭上流行的列車，在這種混亂的情況下，他們甚至糊塗到把作業系統外包給微軟公司，爲後來個人電腦的相容機型敞開大門，最後在無法和微軟競爭的情況下，被迫只能以各類服務作爲公司的主要業務。當微軟取得準獨佔（quasi-monopoly）的地位後，它馬上也犯了類似的錯誤。晚至一九九五年，微軟猶未能洞悉網際網路的潛力，直到該年才推出Internet Explorer。而Internet Explorer也不是微軟自己做的，而是根據Spyglass公司的瀏覽器修改而成，至於 Spyglass 的瀏覽器，則又是國家超級電腦應用中心（National Center for Supercomputing Applications）的 Mosaic 軟體的商業版。全錄在加州的研究中心 PARC（Palo Alto Research Center，帕洛阿圖研究中心），發明了許多個人電腦時代的關鍵科技，然而它對於自己研究員所創造的奇蹟只是一知半解，以至於他們的研究成果絕大部分都是在其他公司的手中商品化，尤其是蘋果電腦。因此，形成資訊主義的商業因素，大體上是來自一種新品種的新創公司，他們迅速竄起，成爲大型企業（思科系統、戴爾電腦、甲骨文、昇陽微系統、蘋果電腦等），或者是不斷自我改造的企業（像是 Nokia，它原先做的是家電，然後是行動電話，現在則是行動網際網路）。這些新型企業，要能從事業草創一路成長爲追求創新的大規模企業，憑藉的正是資訊主義的另一個基本要素：由駭客文化所代表的科技創新的精神。

沒有任何科技革命是未伴隨著文化轉型的。革命性的科技來自於思考。這並不是一個緩步累積的過程，它是一種對未來的遠見、一種出於信念的行動、一種反抗的姿態。的確，金融、製造和行銷最終會決定哪些科技能在市場存活下來，但卻未必能決定何者能夠繼續發展。因爲，市場儘管重要，卻並不是這個星球上唯一的場域。一個對發展電腦網路、分配處理能力，以及透過合作分享增加發明潛力都很重要的新文化，在某種程度上創造了並且決定性地促成了資訊主義的發生。從理論上去瞭解這個文化以及它爲何是資訊主義中發明與創造的來源，是我們理解網絡社會之所以形成的關鍵。在我本人以及其他學者的分析中，或多或少都觸及了資訊主義的這個重要向度，然而它還沒有眞的被深入研究過。這就是爲什麼佩卡・海莫能討論代表資訊主義精神的駭客文化理論，對於探索我們眼前這個剛跨入第三個千禧年的未知世界，是一個非常重大的突破。

附錄

電腦駭客思想簡史

當今之世，微軟已徹底擊敗了那些微晶片企業；微軟的力量比在此之前的大型主機企業還強大，其勢力已無人能及。於是，蓋茲變得更鐵石心腸，他向微軟的顧客和工程師們詛咒發誓：

> 馮諾曼（von Neumann）的子民們，聽著！IBM與那些大電腦企業用沉重且可怕的使用授權書緊緊束縛住你們的先祖，讓你們只能向涂林（Turing）和馮諾曼的神靈哭嚎求助。現在我告訴你們：我比之前的任何企業更偉大。我會放寬你們的使用授權書嗎？不，我將用比我的先祖還要沉重雙倍、可怕十倍的授權書來綁住你們。……沒有任何一代的人會和你們一樣地被我俘虜和奴役。為此，你們要向涂林、馮諾曼、

摩爾（Moore）的靈魂哭泣嗎？他們不會聽見的。我的力量比他們更強大。你們應該向我哀求，你們應該活在我的恩典和威嚴之下。我是地獄裡的蓋茲，我控制著通往MSNBC的大門，我掌管著死亡藍螢幕❶的鎖鑰。你們該害怕，該顫抖。順我者生！

在網路上發表的駭客「聖經」《塔克斯福音》（*The Gospel According to Tux*）用這一段文字做開場白。塔克斯（Tux）是一隻企鵝的名字，這隻企鵝是Linux作業系統的吉祥物，用來代表芬蘭駭客林納斯・托瓦茲於一九九一年，年僅二十二歲時，開始撰寫的這個作業系統。在過去這幾年裡，Linux備受矚目，被視爲最有資格挑戰微軟霸業的對手。

任何人都可以免費下載Linux，但這並不是Linux與微軟Windows最大的不同點。Linux與微軟產品所代表的主流商業軟體模式最明顯的分歧，在於它的開放性：就像科學研究人員允許所有同領域的人來驗證和使用他們的發現，加以實驗和改進；同樣的，參與Linux計畫的駭客也允許其他人來使用、測試和發展他們的程式。在科學領域裡，這叫做「科學倫理」；在電腦程式設計領域裡，這是「開放原始碼模式」（原始碼就像是程式的ＤＮＡ，它是程式設計師用來開發軟體的語言。沒有原始碼的話，使用者只能使用軟體，但不能修改它）。

和學術研究模式的類似並非偶然：開放性可以說是駭客們得自學院的傳承。《塔克斯福音》將那些在創造電腦理論基礎的同時，開放他們的研究成果的人，提升到了英雄式的地位，其中最主要的就是艾倫・涂林及約翰・馮諾曼。

《塔克斯福音》樂觀地闡述托瓦茲如何讓這種精神在電腦領域裡復甦：

> 在那時候，赫爾辛基的土地上住著一位名叫林納斯・托瓦茲的年輕學者。林納斯是一個熱誠的人，是ＲＭＳ（另一個知名的駭客，史托曼）的使徒，同時擁有像涂林、馮諾曼與摩爾一般非凡的精神。一天，林納斯正在默想電腦結構，恍惚間，他看到了一幅奇異的景象。在異象中，一隻美麗高貴的大企鵝坐在一塊浮冰上吃魚。那樣的畫面使林納斯深感恐懼，於是，他向涂林、馮諾曼和摩爾的靈魂求救，祈求他們替他解夢。
>
> 在夢裡，涂林、馮諾曼和摩爾的靈魂對他說：「別怕，林納斯，我們親愛的駭

客，你比常人更酷，更炫。你看見的那隻大企鵝，就是你將要爲地球創造的作業系統。那塊浮冰代表著地球與其所有的系統，也就是企鵝在完成任務後的安居、享樂之所。而企鵝吃的魚，就是那些潛游在地球所有的系統之下，老舊殘敗、需購買使用權的程式。

那些所有破舊、乖戾、沒意義的東西都將被企鵝捕獵吞噬；所有像義大利麵一樣結構扭曲的程式碼，被害蟲感染的東西，或是綁上沉重可怕的使用權條款的，都該被一一揪出。在這除害的過程中，它將複製；在複製的過程中，它將編纂文件；在編纂文件的過程中，它將爲地球上所有寫程式的人帶來自由、安祥，以及最炫的東西。

Linux並沒有發明開放性原始碼的模式，它也不是憑空出現的。Linux是一個類似Unix的作業系統，建立在先前兩個駭客計畫的基礎上。其中最重要的一個是理查·史托曼於一九八三年開始的GNU作業系統計畫❷。出身自麻省理工學院人工智能實驗室的史托曼，至今仍在這個駭客精神的發源地工作。

由比爾・喬伊於一九七七年寫的 BSD Unix 是 Linux 的第二個母體。BSD 是 Berkeley Software Distribution 的縮寫，名稱取自它的發源地，同時也是另一個傳統的駭客集中地，加州大學柏克萊分校。喬伊在他二十多歲，還是柏克萊的研究生時，就開始寫他的這個作業系統了❸。

電腦駭客史上重要的另一頁當是網際網路的出現。網路的誕生要追溯到一九六九年（肯・湯普森［Ken Thompson］和丹尼斯・李奇［Dennis Ritchie］兩個駭客也在同一年寫了第一版的 Unix）❹。美國國防部的研究機構，高等研究計畫署 ARPA，在設立了網際網路的前身 Arpanet。不過，ARPA 雖對 Arpanet 的成立扮演了重要角色，但它貢獻的程度與重要性卻常被誇大了❺。珍娜・艾貝特（Janet Abbate）的《發明網際網路》（*Inventing the Internet*）一書是迄今為止最詳盡的網際網路發展史，她在書中指出，因為聘請大學研究人員負責管理工作，使得網際網路的發展承襲了科學研究常見的自我組織原則。後來，發展計畫最重要的部份，移交給網路工作小組（Network Working Group）——一堆從最有天份的大學生裡選出來的駭客群，由他們主導。

網路工作小組的運作靠的是開放原始碼模式：任何人都可以提供構想，然後再由大家共同發展。所有方案的原始碼從一開始就會被公開，讓其他人可以使用、測試、發展；此一模式一直沿用至今。這個具領導地位的駭客團體的組成與名稱曾多次變動，現在它被稱爲網際網路工程任務編組（Internet Engineering Task Force），隸屬於由文頓・瑟夫創立的網際網路協會（Internet Society）。瑟夫從他還是加州大學洛杉磯分校的電腦研究生時，就是這個協會的主力成員，幾乎網際網路每一次重要的技術進展，瑟夫都扮演了重要的角色。但有一點是網際網路從來沒有改變過的：那就是，從來沒有一個中央管理機構來指揮它的發展，所有的科技仍是由開放的駭客社群發展❻。這個社群討論新的構想，之後，如果整個網際網路社群覺得某個構想不錯，並且開始廣泛採用，那個構想才會成爲「標準」。有時候，這些駭客的主意把網路帶入完全料想不到的方向，比如雷・湯林生（Ray Tomlinson）在一九七二年發明的電子郵件（他當時選擇的@符號，現在仍出現在每個電子郵件地址裡）。思考它的發展，艾貝特指出：「似乎從未有企業界參與網際網路的設計。網際網路就像它的前身〔Arpanet〕一樣，是由一群自動自發的專家，在不拘形式而且低調的情況下設計出來的。」

架構在網際網路上的全球資訊網，同樣也不屬任何企業或政府。它的主要推動者，是一位牛津大學畢業的英國人，提姆．柏納李。一九九〇年，當他還在位於瑞士的CERN（歐洲核子研究組織）工作時，開始規劃全球資訊網的設計。在謙虛的外表下，他其實是一個熱情的理想主義者，不時坦率地表示，他預期資訊網將如何使未來世界變得更好：「與其說全球資訊網是科技上的發明，不如說它是一個社會產物。它不是一個高科技玩具，我設計它是希望能帶來社會效益——是爲了要幫助人們合力工作。全球資訊網最終的目的，便是用來協助和改善我們在這個人際網絡世界中的生活。」❼

漸漸地，其他的駭客加入了他的行列，正如柏納李在他所寫的《一千零一網》（*Weaving the Web*, 1999）中說的：「在網際網路上，對此有興趣的人不斷給我建議、啓發、構想、原始碼和精神支持，這些都是難以在生活週遭找到的。在網際網路上，人們共同建造了資訊網，完全以自動自發的方式。」當志願加入的人數愈來愈多之後，柏納李仿效瑟夫的網際網路協會，創立了全球資訊網協會（World Wide Web Consortium），以防止全球資訊網被企業界奪取。對於業界的收購提議，柏納李也完全不爲所動。他的一個朋友這樣形容他的作風：「當所有的技術專家和企業家都忙於開新公司或購併公司來發網路財時，他們似乎一心只想一個問題：『我怎樣才能把資訊網變成我的？』這個時候的柏

納李則會問：『怎樣才能把資訊網變成你們的？』」❽

全球資訊網最後突破的最重要功臣就是當時在伊利諾大學香檳分校就讀的馬克・安卓森（Mark Andreessen）。一九九三年，當他在該大學的國家超級電腦應用中心兼職時，他和幾個駭客替PC寫了一個易於使用的圖形介面瀏覽器。短時間內，這個一併提供原始碼的軟體透過網路快速傳播，最後發展成更爲人知而且傳播更快的網景Navigator瀏覽器❾。

儘管這個時候，網際網路與全球資訊網已經佔據了眾人的想像，但如果不是先有了另一項我們這個時代卓越的發明——個人電腦——網路還是不可能有我們今天所見這樣大規模的突破。個人電腦的發展史，可以回溯到第一群麻省理工學院的駭客創造互動式運算的時期。那時候，主宰電腦界的仍是IBM大型主機的批次處理模式；在這個模式裡，工程師無法直接使用電腦，他們必須經過許可，把程式交給一個特別的作業員，然後可能要等上幾天，才會得到程式執行的結果。麻省理工的駭客們想要做的跟這個模式完全不同，他們要的是迷你電腦上的互動式運算，也就是，工程師可以把程式直接寫進電腦裡，看到結果，立即更改錯誤。從社會組織的角度來看，這兩者間有極大的差別：

在毋需透過作業員的直接互動中，個人可以更自由地運用科技。排除掉電腦世界中的作業員，就好比電話史上接線生的淘汰一樣，開放了人與人之間直接交流的自由。

麻省理工的駭客們也寫了第一個電腦遊戲，讓使用者初次體驗圖形介面的發展潛力：這個遊戲就是史蒂夫・羅素（Steve Russell）於一九六二年寫的「太空戰爭」（Spacewar），他們設計了控制器來操作兩艘戰艦，帶著魚雷在外太空對戰。彼得・山姆生（Peter Samson）替這個遊戲加上了星辰的背景，取名為「昂貴的天文儀」（Expensive Planetarium），它的目的是要把星星的位置正確地顯示在電腦上，好像我們由窗外看出去的天空一樣——只是奢侈的多，因為當時電腦的使用成本是非常非常昂貴的。在當時，任何人都可以隨意複製、取得這些電腦遊戲，和它的原始碼⑩。

這些心理上的準備，促成了個人電腦最後的突破。在七〇年代中期，一群屬於「家釀電腦俱樂部」(Homebrew Computer Club)的駭客定期地在灣區聚會，其中的一位成員，史蒂夫・沃茲尼克跨出了個人電腦史決定性的一步。一九七六年，年方二十五的沃茲尼克，利用從俱樂部學來的資訊，創造出了Apple I，第一部針對一般大眾設計的個人電腦。

要了解這個成就的重要性，我們必須記得，在這以前的電腦，大多有冰箱大小的體積，而且只能放在恆溫控制的房間裡。當時全世界大型電腦公司的高級主管多半根本不相信個人電腦會有未來，他們會說：「我想全球的電腦市場大約只能容納五台電腦」（出自IBM的董事長華生〔Thomas Watson〕，一九四三年）；或是：「任何人都沒有理由會想要在家裡擺一台電腦」（出自迪吉多的創辦人兼董事長，奧爾森〔Ken Olsen〕，一九七七年）。如果不是沃茲成功地將電腦人性化，說不定這些預言眞的會成爲事實。

沃茲將電腦普及化，這個成就反映出灣區反傳統文化的精神，和他們對如何透過各種不同的方法來改善人類的生活這類問題的關注。就在沃茲發明他的第一台電腦之前，充滿個人魅力，看來像個瘋狂巫師的電腦界先知尼爾森，在他自費出版的《電腦圖書館》（*Computer Lib*, 1974）一書中預言了個人電腦的出現。尼爾森最爲人所知的，就是早在全球資訊網來臨以前，他便已經開始想像未來世界中，遍及全世界的超文字系統；事實上，尼爾森本人就是「超文字」一詞的發明人。他在書裡面極力呼籲：「把電腦的力量交給全民！消滅網路廢物！」（網路廢物〔cybercrud〕一詞也是尼爾森的發明，意指「把東西加諸於電腦使用者身上的」不同方式。）⑪

後來，沃茲自己也強調，「家釀電腦俱樂部」（尼爾森也曾造訪過）的氣氛，激發了他做 Apple I 的動力：「我來自於一個你們所說的叛逆，或是嬉痞團體——那裡頭有一堆玩家，激進地談論著資訊革命，以及如何改變這個世界，讓每個家裡都有電腦。」秉持著駭客倫理，沃茲把他的電腦藍圖與程式設計，公開和其他人分享。他的駭客產物——電腦——帶動了整個個人電腦界的革命，這項革命的成果就在我們現在的生活中，無所不在⓬。

註釋

（凡於註文前說明爲「譯註」者，爲中文版編輯所加註釋。餘均爲原書作者註。）

序

1. *The Jargon File*, “hacker”詞條。這個檔案目前由艾瑞克·雷蒙維護，網址設在 www.tuxedo.org/～esr/jargon。它同時也以書籍的形式出版，書名是 *The New Hacker's Dictionary* (3rd ed., 1996)。
2. 在 *Hackers: Heroes of the Computer Revolution* (1984) 一書中，Steven Levy 如此描述麻省理工駭客的精神：他們相信「所有資訊都應該免費」，而且「電腦的使用權……應該是完整而不受限制的」(p.40)。
3. The Jargon File 給「鬼客」所下的定義：「破壞系統安全防護的人。約出現於一九八五年，係駭客社群爲反對新聞媒體誤用『駭客』一詞而新造的。」(“cracker”詞條)

   值得注意的一點是，Steven Levy 在一九八四年出版的 *Hackers* 一書中，還不覺得有任何需要說明駭客和鬼客的差別。此一現象和電腦病毒（指能自我傳播的電腦程式）在一九八〇年代後半開始出現有關。「電腦病毒」的概念，是自 Fred Cohen 於一九八四年寫了一篇關於這個主題的論文才流行起來。眞正的電腦病毒約在一九八六年出現，藉由磁片傳播，感染對象是個人電腦（參閱 Solomon, “A Brief History of PC Viruses” [1990]，以及 Wells, “Virus Timeline” [1996]）。最初幾樁入侵資訊系統的知名事件，同樣也是發生在八〇年代後半期。最著名的一個鬼客團體「末日軍團」(Legion of Doom) 是在一九八四年成立，稍後加入的一個成員「良師」(Mentor) 所寫的鬼客宣言，則是在一九八六年發表（篇名是“The Conscience of a Hacker”，值得注意的是在此時期，鬼客仍自稱「駭客」；關於這個團體的歷史，請參閱“The History of the Legion of Doom” [1990]）。

第一章

1.譯註：文頓·瑟夫在七〇年代和羅勃·康（Robert Kahn）共同設計了網際網路的基本架構，並且領導研發TCP/IP通訊協定（網際網路最重要的通訊協定）的小組；此後又曾在美國國防部的ARPA工作，負責幾項網際網路基礎科技的擘畫工作。回溯網際網路的發展歷程，瑟夫可說是貢獻最大的人。

2.沃茲尼克是駭客社群中最受敬重的人物之一，他常被暱稱爲沃茲（Woz），或是「沃茲國的巫師」（The Wizard of Woz），以與綠野仙蹤裡「歐茲國的巫師」（The Wizard of Oz）對比。他出神入化的創意也被以親切且仰慕的口吻稱爲「沃茲的巫術」（The Wizardry of Woz）——除了綠野仙蹤的典故之外，也因爲「巫師」是用來稱呼最高段駭客的封號。沃茲當初設計Apple I、Apple II的主要原因是他沒錢買電腦，而且當時的電腦也不是他想要的。他在Apple II上使用的幾項獨創的設計，如軟體的磁碟驅動程式、擴充槽等，都被後來各類型個人電腦模仿、沿用。

3.柏拉圖《書信集》第七封信，341c-d。在柏拉圖所有以蘇格拉底爲主角的對話錄中，這種學術熱忱是一個持續出現的主題。在《會飲篇》（*Symposium*），柏拉圖讓阿基比阿德（Alcibiades）提到蘇格拉底傳遞給他「對哲學的酒神式狂熱」（218b）。在《斐德羅篇》（*Phaedrus*），這個觀念又得到進一步的延伸；文中說道，一般人認爲哲學家是瘋子，但他們有的是一種神聖的瘋狂（或更高等的熱忱）。柏拉圖也在談論哲學所扮演的角色的對話錄中，多次強調philosophy（哲學）字面上的意義即是「愛智」。可參見《理想國》（*Republic*）、《會飲篇》、《斐德羅篇》、《泰阿泰德篇》（*Theaetetus*）、《高爾吉亞篇》（*Gorgias*），以及《蘇格拉底的申辯辭》（*Apology*）。

4.四世紀時的著名獨修士安當（Anthony），被公認爲是基督教隱修制度的奠基者，爲後來的隱修運動立下了從工作中修行的典範。亞大納削（Athanasius）在《聖安當的生平》（*Life of Anthony*）中如此描述：「他親自工作，因爲他聽見說：『誰若不願意工作，就不應當吃飯』［得後3:10］，他把工作所得，一部份維持生計，另一部份給有需要者。」（第三章）。

另外在《荒漠之父嘉言集》（*Apophthegmata Patrum*）：

> 聖安當在曠野中隱修時，日久生厭，且爲許多邪念所困擾。他於是向天上說：「主啊！我願意心神平安，但是這些不正的思想困擾我，在這種苦惱中，我應做什麼，我怎樣才能獲得內心的平安？」不多時候，他走到外邊，看見有一人

> 像他一般，正坐著工作，繼而起身默禱，然後坐下打繩，不久又起身默禱。這原是天主派一位天使來指導他，並使他心安。那時他聽到天使給他說：「你這樣做，便會得救。」聖安當聽到這句話，內心充滿了喜樂，勇氣倍增，於是照此而行，便恢復了內心的平安。」("Anthony I"，引自英譯本：Ward, ed., *The Sayings of the Desert Fathers* [1975])

除了本篤和加祥的隱修會規之外，巴西略的規則也很重要。他談到工作如何使人貞潔：

> 我們的主耶穌基督說：「工人得飲食是應當的。」(瑪 10:10) 因此並非一無例外的所有人或任何人都可得。使徒也命令我們親身力行善事，也把掙得的分給有需要的人。顯而易見地我們必須刻苦耐勞，不可妄自以爲心存虔敬的目標就可以逃避工作，或是作爲怠惰的藉口；它是奮鬥，是日益艱巨的志業，也是苦難中的耐心，然後我們或有資格可說：「勞碌辛苦，屢不得眠；忍飢受渴，屢不得食。」[格後 11:27]。(《大規則》[*The Long Rules*]，37)

古典哲學中唯一讚美工作的是斯多噶學派，而他們對隱修思想的影響是衆所週知的。例如，伊比德圖（Epictetus）教導衆人：「難道我們不該在挖土、犁地、飲食之際，同時吟唱著贊美神明的聖歌？」還有：「然後呢？我可曾說過人類天生是無所事事的動物？我絕不作此想！」(《論述集》[*Discourses*], 1.16 及 1.10) 當然，隱修士和斯多噶派學者賦予工作的價值，還沒到清教徒倫理的程度。此點可參考 Birgit van den Hoven, *Work in Ancient and Medieval Thought* (1996)。

5.本篤寫道：「但倘若其中［指工作的修士］有任何人因其技藝而生驕傲之心，似乎自以爲施恩於修院，則應命令他離開工作，不得繼續。直到他學得謙遜自抑之後，院長方可命令他重回工作。」(《聖本篤會規》[*The Rule of St.Benedict*], 57)

6.請參見韋伯《新教倫理》第五章（中譯本，第 144-145 頁）。韋伯的研究具有兩個向度：一方面它從史實來看，主張清教徒倫理對於資本主義的形成具有重大影響；另一方面，它把某個特定的社會倫理做了超越歷史的概念化。就史料來看，第一個觀點或多或少可堪質疑——例如，當時的威尼斯信奉的是天主教，但也衍生出同樣的資本主義精神（關於其他的主要反駁論點的摘要描述，可以參閱安東尼・紀登斯 [Anthony Giddens] 爲《新教倫理與資本主義精神》英譯本所寫的導論）——因此也不再是我們這個時代的一項基本考量因素，所以我準備把焦點集中在第二項，從概念的層次來使用「資本主義精神」和「清教徒倫理」這兩個詞彙，不去考慮它們的歷史意義。既然這兩個名詞的主要論點是相同的，在概念上應該可以互換使用。

7. Castells, *Information Age* (2000), I:468。Martin Carnoy在他的*Sustaining the New Economy: Work, Family, and Community in the Information Age* (2000) 一書，也得出類似的結論：「我們看不出資訊產業和就業人口的消長之間有任何關係，此點暗示了失業率的幅度是由資訊普及率以外的因素所造成的。」(p.38)

8. 奧古斯丁《天主之城》，22.30。奧古斯丁：「當我們因他的降福與成聖，而又滿盈和恢復時，我們自身也將成爲那第七日。」(同上)
六世紀時的大額我略（Gregory the Great）寫道：

> 主眞正的受難與祂眞正的復活預示了基督在祂受難期間的奧體。星期五，祂忍受痛苦；星期六，祂在墓中休息；星期日，祂從死亡中復活。我們現在的生命是在愁苦與重重困厄之中，所以猶如活在星期五。但在星期六，姑且這麼說，我們在墓中休息，因爲我們的靈魂被從肉體釋放出來，於是找到了安息。然而在星期日，受難後的第三天，或者如前所述，在一切開始後的第八天，我們的軀體將從死中復活，而且我們將歡欣於身心合一的榮耀之中。(《厄則克耳講道集》[*Homilies on the Book of the Prophet Ezechiel*], 2.4.2)

9. 唐代爾（Tundale）在他看到的異象中，被一個天使帶領著遊歷幽冥之地，他在一個叫做伏坎（Vulcan）的地方看到惡犯被用鐵鍾和其他工具折磨。他的耳中充滿了鐵鍾敲擊鐵砧等的駭人噪音，而傳統上勞動的動力來源，烈火，則燒炙著罪人：

> 他們緊抓住跟隨在後的靈魂，把他丟進熔爐裡，鼓動的風箱煽起爐中的火焰。就像一般鍛造時箝鐵塊的方式那樣，這些靈魂也被箝著，直到被燒灼之處已泰半化爲烏有。當被熔得似乎只剩下似水的液體時，他們被用鐵叉叉起，放在砧石上，以大鎚擊打，直到二、三十個，甚至上百個靈魂都被鎚擊成一整塊。("Tundale's Vision"，出自Gardiner, ed., *Visions of Heaven and Hell Before Dante* [1989], pp.172-73)

愛琳・嘉德納（Eileen Gardiner）很妥切地評述異象文學賦予地獄的形象：

> 惡臭和刺耳的噪音總被和地獄聯想在一起，另外還伴隨著其他對身體和視覺的

衝擊。一遍又一遍，地獄被清楚地想像與描述著。其細節往往相似：火焰、橋樑、燃燒的湖泊，可憎的小怪物掏出罪人的內臟。這些畫面與肉體有關、色彩濃烈而且影象鮮明。它們也常被聯想到初期工業經濟所呈現的陽剛的工作形象。熔爐、鼓風爐、大鎚、濃煙和熾熱的金屬結合起來所構成的圖象，必定會讓田園的、貴族的或務農的群衆覺得萬分恐怖。(*Medieval Visions of Heaven and Hell: A Sourcebook* [1993], p.xxviii)

10.荷馬寫道：

我又見薛西弗斯在那裡忍受酷刑，
正用雙手推動一塊碩大的巨石。
伸開雙手雙脚一起用力支撐，
把它推向山頂。但當他正要把石塊
推過山巔，重量便使得石塊滾動，
騙人的巨石向回滾落到山下平地。
他只好重新費力地向山上推動石塊，
渾身汗水淋漓，
頭上沾滿塵土。(《奧德賽》，11.593-600)

柏拉圖在《高爾吉亞篇》(525e) 也曾提到薛西弗斯所受的可怕苦刑，此外亦可參見《申辯辭》(41c) 和《阿克西俄庫篇》(*Axiochus*, 371e)。

11.狄佛《魯賓遜漂流記》，第十四章。另外，魯賓遜描述爲什麼需要記錄日期：

上島後大約十或十二天，我忽然想到，没有書和筆墨，我一定會忘記日期，甚至會忘記哪天是安息日，哪天是工作日。爲了防止發生這種情況，我便用刀子在一根大柱子上用大寫字母刻上這個句子：「我於一六五九年九月三十日在此上岸」，然後把它做成一個大十字架，立在初次上岸的地方。在這方柱的四邊，我每天用刀刻一個凹口，每逢第七天刻一個長一倍的凹口，每月的第一天刻一個再長一倍的凹口。就這樣，我有了一個日曆，可以記錄日、周、月、年了。」(第四章)

但是魯賓遜很快就忘掉了星期日休息的習慣。

12.魯賓遜是用來闡述工作態度改變的絕佳範例。因爲島上生活的想法最能看出人們的價值觀。

魯賓遜的島上生活，迥異於古代神話所描述的「極樂之島」（Islands of the Blessed）。根據赫西俄德（Hesiod）的描述，在極樂島上猶如活在黃金時代，「人們像神靈那樣生活著，沒有內心的悲傷，沒有勞累和憂愁。他們不會可憐地衰老，手脚永遠一樣有勁；除了遠離所有的不幸，他們還享受筵宴的快樂。」（《工作與時日》，114-17）

島上生活的意象同時也影響了各時期的烏托邦思想，而且古代和現代觀念之間的差異非常明顯。蘇格拉底（也就是柏拉圖）的理想社會是以極樂島爲藍本。在可能實現的最完美社會裡，只有最低階層的人和奴隸需要工作。蘇格拉底解釋道：「此外我認爲還有一些僕役，單憑智能，他們尚不能成爲我們社會的成員，但他們體力強健，足以從事勞動。這些人按一定的價格出賣勞力，這價格稱爲工資，因此他們被稱爲賺取工資的人，是否如此？」（《理想國》，871d-e；另見 347b, 370b-c, 522b, 590c）。眞正的公民可以不必工作，而把全部時間投注在哲學上。柏拉圖的所有作品都明顯呈現出這種蘇格拉底式的態度。在《高爾吉亞篇》，柏拉圖筆下的蘇格拉底向對話者卡利克利斯（Callicles）說道，既然身爲自由人，他絕不會讓他的女兒嫁給工程師，而且你會「蔑視他和他的手藝，你會把『工程師』當成羞辱的話來稱呼他。」（512c；另見 518e-19a）在《斐德羅篇》，蘇格拉底甚至列出一張人生宿命的「十大名單」。只有詭辯家、僭主和動物列在勞動者之下（毫不意外地，第一名的位置屬於神祇或是近似神祇的人——哲學家）。（248d-e）柏拉圖的其他著作也表現出相同口吻，特別是《會飲篇》203a 以及《阿基比阿德篇》（*Alcibiades*）1:131b。

現代烏托邦對工作的態度則迥然不同。在湯瑪斯・摩爾（Thomas More）的烏托邦島，閒散其實是被禁止的。文藝復興之後所提出的另外一些較著名的烏托邦，大多也抱持相同的想法。

第二章

1. 出自〈給年輕商人的忠告〉（"Advice to a Young Tradesman", 1748），整段文字如下：

> 務必牢記，**時間**就是金錢。倘若有人工作一天可以賺得十先令，而他花了半天的功夫外出或是閒坐在家，儘管他在遊蕩或賦閑時只花了六便士，但他的開銷

絶對不止於此。他實際上花費的，或說是虛擲的，是五先令。

2.參閱 Castells, *Information Age* (2000)，第一卷第七章。「資訊經濟」也可指「以資訊科技或資訊本身爲特有產品的經濟」。潘恩和吉爾摩（Pine & Gilmore）所談論的新形態「經驗經濟」(experience economy)，則又再爲資訊經濟加上了一個重要層面。資訊經濟同時也是一種象徵符號的經濟，在其中，產品的象徵意義變得愈來愈重要。潘恩和吉爾摩提到這種經濟的消費者：「當他購買某種經驗時，他花錢好消磨時間來享受一系列值得記憶的事件；這些事件是公司企業爲了拉攏他（就像演出戲劇一樣）特別編排出來。」(*The Experience Economy* [1999], p.2) 譬如到一間風格獨特的咖啡店喝咖啡，即使消費者並未意識到他想要消費的其實是一種經驗，但公司企業愈來愈刻意把產品設計成一種經驗，因爲如此的確可促進銷路。

3.同上，第一卷第二章。Held 等人合編的 *Global Transformations: Politics, Economics, and Culture* (1999) 一書，也提供了佐證的數據資料。

4.摩爾第一次提出他的定律是在 *Electronics* 雜誌的"Experts Look Ahead"系列文章中。最初的表述是：一顆積體電路所能裝入的元件數目，每年增加一倍。倍增的週期後來修正成十八個月。爲了便於記憶，摩爾定律有時會表成：每兩年執行效能加倍，成本減半。

5.戴爾電腦的創辦人麥克・戴爾，曾在〈網際網路革命家法則〉裡，一語道出網絡模式的原則：「只要不是核心業務的東西，就交給外面去做。」他還說：「選擇自己想要的項目努力超越；其他地方，就找最佳的夥伴來做吧。」Dell, *Direct From Dell: Strategies That Revolutionized an Industry* (1999), pp.xii, 173.

6.漢默在與錢彼（James Champy）合著的 *Reengineering the Corporation* (1993) 一書中，以更通俗的方式解釋他的理論。他在書中討論了成功企業得向自己提出的問題：「他們問的不是：『我們怎樣能把事情做得更好？』也不是『我們怎樣能更低的成本來做同樣的事情？』相反地，他們問的是：『爲什麼我們會做現在所做的這一切？』」透過這個問題來檢視企業管理，漢默和錢彼得到如下的結論：「我們發現員工執行的許多任務，其實和滿足消費者的需求絲毫無關；換句話說，不是爲了生產高品質的產品、以更好的價格供應產品，或是提供優異的服務。許多工作只是爲了符合公司內部組織的要求。」(p.4) 漢默和錢彼呼籲公司企業放棄這種作法，改以關鍵程序爲核心來建立公司組織。

7.戴爾歸納了這項規則：「速率（Velocity）——往前向供應鏈、往後向顧客這兩端爭取時間與距離的壓縮動作——將是最終極的競爭優勢之所在。若採用網際網路來降低爲了建立製造商與供應商之間，以及製造商與顧客之間的關係所付出的成本，將可使產品與服務以前所未有的速度更快到達市場。」(Dell, *Direct From Dell*, p.xii.)

8.譯註：泰勒（Frederick Winslow Taylor, 1856-1915），美國發明家、工程師暨效率專家。他率先將效率的觀念導入工業製程，藉由細密、精確地研究生產過程的每個動作及時間，以期將操作技術形式化，消除不必要的動作，提高產能。由於他對工業管理的貢獻，泰勒被譽爲「科學式管理之父」。後人對泰勒的評價呈兩極化：贊揚者如杜拉克（Peter Drucker）將泰勒與達爾文、佛洛伊德並列爲「現代世界最有影響力的人物」，認爲他的成就猶在馬克思之上；貶抑者如波斯曼（Neil Postman）則認爲泰勒的作法將導致人被當成機器來看待，失去人的價值。

9.Rybczynski, *Waiting for the Weekend*, p.18。或許非常恰當地，目前已知的第一個不再只是打網球而是按步就班苦練反手拍的人，正是弗德列克・泰勒。爲了這個目的，他甚至設計了一種特殊的球拍，並且在一八八一年贏得美國男子雙打冠軍。參見 Copley, *Frederick W.Taylor: Father of the Scientific Management*, 1:117。

10.Russell Hochschild, *Time Bind* (1997), p.209。事實上，這可說是實現了泰勒更遠大的目標。他在書中導論說：「把［科學管理的］原則應用於任何社會活動，也可以同樣有效。」他所舉的第一個例子就是「家庭的管理」(p.iv)。

11.很適當地，遲到者會在準時在某幾個時間予以懲處：「然後，在所有日課時辰，當天主的工作已結束後，讓他伏在原本所站的地面上，開始補贖所犯的錯，直到院長最後命令他從懺悔中起身爲止。」(《聖本篤會規》，44)

12.加祥寫道：

> 但在夜禱聚會時，尚可容許遲至第二首聖詠前到達，只要在［第一首］聖詠結束、弟兄們躬身祈禱之前，快步就他的位置，加入衆人即可；但只要他稍稍遲過寬容的時辰，那麼他必定也得接受與前述相同的責難和補贖。

本篤的會規中也有類似的條文。

13.Tompson 的另一本著作 *The Making of the English Working Class*（1963）同樣也是討論這個主題。

第三章

1.戴爾都良（Tertullian） 說得乾脆：「浮躁的好奇心，異端的特徵。」(《反駁異端》[*Presciption Against Heretics*]，14)

2.Merton 這篇經典性的論文“Science and Technology in a Democratic Order”，後來更名爲“The Normative Structure of Science”，收入他的論文集 *The Sociology of Science: Theoretical and Empirical Investigations*（1973）。請參閱第 273-75 頁。

3.柏拉圖在第七封信中討論了 *synusia* 的重要性。研究顯示一般描繪的柏拉圖「學院」的形象（譬如拉斐爾雄偉的畫作《雅典學院》）並未反映歷史事實。柏拉圖的「學院」似乎沒有現代意義的大學建築或校園，而只是某種吸引人們鬆散地匯聚起來的科學哲學。構成「學院」的是一群常在雅典城外的一座公園會面的學者，公園的名稱是「阿卡德美雅」(Akademeia)，以紀念雅典英雄「阿卡德莫斯」(Akademos)。有些古代著作宣稱柏拉圖買下這座公園，此說實屬荒謬，它就像是在我們這個時代宣稱有人能買下紐約的中央公園，或是逕自宣佈他準備在公園現址辦一所私立大學。不過，柏拉圖倒是可能在公園附近擁有房子。請參見 Baltes, “Plato's School, the Academy”（1993）；Cherniss, *The Riddle of the Early Academy*（1945）；Dillon, “What Happened to Plato's Garden?” *Hermathena*（1983）；Glucker, *Antiochus and the Late Academy*（1978）；Dusanic, “Plato's Academy and Timotheus' Policy, 365-359 B.C.” (1980); Billot, “Académie”（1989）；以及 Gaiser, *Philodems Academica: die Bericht über Platon und die Alte Akademie in zwei herkulanensischen Papyri*（1988）。

同樣情形，文藝復興時，費奇諾（Ficino）爲復興柏拉圖「學院」而成立的學院似乎也沒有實體建築，而只是這種科學哲學的復活。參見 Hankins, “The Myth of the Platonic Academy of Florence”（1991）。

4.史托曼，“The GNU Operating System and the Free Software Movement” (1999), p.59n。關於其他形式的開放原始碼授權書，請參見 Perens, “The Open Source Definition”（1999），這篇文章的修訂版會公布在 www.opensource.org/osd.html。

5.譯註：「著作權沒有：撤回所有權利」的原文是“Copyleft: all rights reversed”，這是拿英文習慣的版權聲明文字“Copyright: all rights reserved”來開的一個文字玩笑。

6.亞里斯多德寫道：「仍然還有一個關於公民的問題：究竟是擁有公職的才算是眞

正的公民，抑或工匠也可納入？……我們必須承認，我們無法把所有國家存在所不可或缺的人都算作是公民。……最理想的國家不會承認他們[指工匠]是公民。」（《政治學》，1277b-78a）

7. 出自林語堂《生活的藝術》(英文原名：*The Importance of Living*)第七章第一節。林語堂接著又說：「人類的危機是在社會太文明，是在獲取食物的工作太辛苦，因而在那獲取食物的勞苦中，吃東西的胃口也失掉了——我們現在已經達到這個境地。」
8. Ceruzzi, *A History of Modern Computing* (1998), 第七章。微軟最初所出版的語言包括 BASIC（1975）、FORTRAN（1977）和 COBOL-80（1978）。從微軟後來一再攻擊 Unix 作業系統的角度來看（最近的事例是二份從公司內部流出、旨在打擊 Linux 的備忘錄：Valloppillil, "Open Source Software"［1998］;Valloppillil and Cohen, "Linux OS Competitive Analysis"［1998］)，有點反諷的是，它的第一套作業系統卻是屬於 Unix 家族的 XENIX（"Microsoft Timeline"）。
9. "What Is Free Software?"（1996）。其他嚴肅處理這個課題的文獻，包括"The GNU Manifesto"（1985）和"The GNU Operating System and the Free Software Movement"（1999）。
10. 這是擁護史托曼的「自由軟體」者和擁護「開放原始碼」者兩派人馬之間的差別。開放原始碼的新名稱，是在一九九八年二月一些駭客社群的領導者於帕洛阿圖舉行的一場會議中，由彼得森（Chris Peterson）提出的。採用它的理由之一是它較不具意識形態。新名稱最著名的兩位支持者是佩倫斯（Bruce Perens）和艾瑞克·雷蒙，他們成立了 opensource.org 來傳播這項理念。參見 opensource.org, "History of the Open Source Initiative"，亦可參見 Rosenberg, "Open Source: The Unauthorized White Paper"（2000）和 Wayner, *Free for All: How Linux and the Free Software Movement Undercut the High-Tech Giants*（2000）。

第四章

1. 1991 年 10 月 5 日，托瓦茲張貼了一則留言，詢問：「你是否深深懷念 minix-1.1 的美好日子，那時候男人得像個眞正的男人，自己動手寫驅動程式？」，參見 Torvalds, "Free Minix-like Kernel Source for 386-AT"（1991）。
2. 最初的討論是在 comp.os.minix 新聞群組。1991 年 9 月，Linux 0.0.1 版公布在芬蘭的伺服器 nic.funet.fi，放在/pub/OS/Linux 目錄下。現在，托瓦茲將最新版的作業系統核心上傳到 ftp.kernel.org/pub/linux/kernel。有許許多多的郵寄名單、新聞群組和網站都是專以 Linux 爲主題。

3.雷蒙寫道：

> 然而，Linux 最重要的特色是社會上的，而非科技上的。在 Linux 發展出來之前，人們相信任何像作業系統這樣複雜的軟體，必須要由一小組緊密結合的人，彼此非常細心地協調，才有可能開發出來。不管是商業軟體，或是自由軟體基金會（Free Software Foundation）於 1980 年所造的自由軟體大教堂，這都是它們採用的標準模式，而且至今仍是。還有從裘利茲（Jolitzes）原始的 386BSD 衍生出來的 freeBSD/netBSD/OpenBSD 也都是如此。
>
> Linux 的演進，走的則是完全不同的方向。幾乎從一開始，它就是由一大群自願者隨興地寫寫改改，他們的工作只透過網際網路來協調。品質並不是藉由僵硬的標準或寡頭體制來維護，而是藉由一項素樸單純的策略：每周固定公布新版程式，然後在數天內收到數百位使用者的反應意見，在開發者所製造的不同變種之間，造成一種步調快速的達爾文式選擇。（"The Cathedral and the Bazaar" [1999], pp.23-24）

4.基本上，所有以蘇格拉底爲主角的柏拉圖對話錄都是這種批判性對話的範例。在其中，蘇格拉底經常提到批判性對話的必要。例如在《克利同篇》（*Crito*），蘇格拉底說：「好朋友，我們一起檢查。你如有理由能駁我的話，就請說，我肯接受你的。」（48e）在《斐多篇》，爲了勸誘對話者提出批評，他問道：「你是否覺得我的論證還有欠缺？」在《尤敍德謨篇》（*Euthydemus*），他也有類似的評語：「我最希望的，是有人能反駁這些論點。」（295a）在《泰阿泰德篇》和《克利托豐篇》（*Clitophon*），蘇格拉底解釋爲什麼批判的過程總是有益的：「我們要不是就找到我們追尋的，要不然也較不會把我們所不知的誤以爲知道；當然，即使是後者也仍是毋需鄙棄的報償。」（187b-c）還有：「一旦我明瞭我的哪些論點是好的、哪些是壞的，我會努力做到追求和發展前者，同時盡可能地去除後者。」（407a）因爲這個原因，在學院的討論中，人們應該坦白提出批判，而不是試圖取悅他人（參見《尤敍弗倫篇》，14e；《普羅塔哥拉篇》，319B, 336E；《理想國》，336e）。

5.事實上，十九世紀時造出 scientist（科學家）這個字的惠爾（William Whewell），他的原意是用這個字來指稱參與這種自我修正過程的人。

6.孔恩說，「範型」指的是：「公認的科學成就，在某一段期間內，它們對於科學家社群而言，是研究工作所要解決的問題和解答的範例。」(*The Structure of Scientific Revolutions* [1962], p.x)

7.關於托瓦茲自述最初所寫的幾個實驗性質的程式，例如潛水艇遊戲，請參閱 Learmonth, "Giving It All Away" (1997)。同樣的情形，沃茲尼克是在小學四年級時對科技大感興奮，六年級時造了一台可以玩圈叉遊戲的電腦。沃茲尼克描述他的學習過程：「一切都是自修的。我甚至沒上過相關課程，甚至沒去買一本相關書籍。」(Wolfson and Leyba, "Humble Hero") 在另一次訪談，他又說：「比起嚴格地一教再教，期望所教的能被吸收，……遠遠更重要的是激發學生的興趣，讓他主動想去學些東西。」(Tech, "An Interview with Steve Wozniak" [1998])

8.柏拉圖在對話錄《泰阿泰德篇》(*Theaetetus*) 裡，透過蘇格拉底之口提出接生婆的概念，他說：

> 我和一般的接生婆有一個共通點，那就是我本身並沒有什麼智慧。別人常批評我，說我總是向別人提問題，卻從不表達自己的看法，但這實在是因爲我本身並沒有智慧的緣故。之所以如此是因爲：神派遣我來參與別人生產的過程，但是禁止我本身生產創造；因此我完全不能算是一個智者，如果有人因爲和我談話而發現眞理，那個眞理便是他的思想的產物，我這個接生婆並不能就說那個眞理是我的。但對於那些跟我談話的人就不一樣了，一開始他們可能會給人一種無知或愚笨的印象，然而時間一久，我們交談的次數多了，只要有神的恩許，他們的智慧就會有所成長——其幅度是會令他們本人或其他人大感訝異的。可是這很清楚，並不是因爲他們從我這裡學到了任何東西，而是他們終於發掘出自己內在無數美好的東西，把它們呈現出來。」(柏拉圖《泰阿泰德篇》，150c-d)

普魯塔克歸結道：「蘇格拉底並未教授任何東西，他只是像引起產痛那樣，激起那些年輕人的困惑，似乎如此就能引導、加快和協助他們得到他們本有的想法。他把這種方法叫做助產術，因爲它所做的不是像其他人那樣，假裝替前來求教的人植入智慧，而是展現給他們看，智慧原本已在他們內心之中，只不過是尙未成長且混淆不明，需要加以培養和澄清。」(《柏拉圖問題》，1000e)

蘇格拉底式的觀念是，教學的用意在於幫助人學會如何學習，學會如何提問題。要做到這點的一項先決條件是困惑。在對話錄《曼諾篇》，曼諾描述蘇格拉底式教師引起的效應：

蘇格拉底，在與你見面之前，我就常聽人說，你總是懷疑自我，而且也令他人困惑；而如今，你又對我施符念咒，以致我中邪受惑，思緒大亂。恕我無禮拿你開個玩笑，由於你的外表和其他因素，在我看來，你非常像隻魟魚；因爲它會把任何靠近和觸摸它的人給弄麻了，我想，這正是你現在對我做的事。因爲我的心、我的口眞的已麻木遲鈍，完全無法回答你的問題。(80a-b)

但是這種困惑的狀態終究是有益的，蘇格拉底隨後解釋：

蘇格拉底：現在，造成他的困惑，給他這種魟魚衝擊，可曾對他造成傷害？
曼諾：我想沒有。
蘇格拉底：而且，看來我們確實協助他去找出事物的眞相：因爲現在，旣然瞭解他的知識有所欠缺，他會快樂地繼續探索。而在以前，他只會不假思索地在任何人面前一再宣稱：如果幾何形的面積增爲兩倍，則其邊長必定也增爲兩倍。
曼諾：似乎如此。
蘇格拉底：現在試想，在被詰問而生惑、明白自己的無知，並且激起學習之心以前，他可會去探索或學習他自以爲知道，但其實不懂的東西嗎？ (84b-c；亦可參考《阿基比阿德篇》，106d)

9.蘇格拉底式的老師又被稱爲媒人的原因是，他的工作之一是要結合適合的人一起生產（色諾芬《會飲篇》，3）。蘇格拉底描述他的方法：「出於至誠的善意，我開始從事媒人的行業，並且自認（只要有神的恩准）我有足夠的識人能力，可以看出把誰與誰爲伴會最有利。我把很多人都配給了普羅迪庫斯（Prodicus），也把很多人配給了其他的智者。」（柏拉圖《泰阿泰德篇》，151b）試與下面這段話做個比較：「有人問亞里士迪帕斯（Aristippus）［蘇格拉底的門徒］蘇格拉底如何幫助他。他回答：『他幫助我找到了令人滿意的哲學上的學習夥伴。』」（菲羅德摩斯［Philodemus］《修辭學》［*Rhetoric*］，1, 324.13）

10.在柏拉圖「學院」裡，用來形容老師的第三個比喻是討論餐會的司儀（*symposiarkhos*）。這種餐會在晚上舉行，它配合大家白天時的討論、談話，是學習很重要的一部份。這些餐會的目的是相當嚴肅並且在智識上極富挑戰性（比方說，大家會討論艱深的哲學題目），除此之外，臨場座談的經驗也往往令人印象深刻（柏拉圖和色諾芬的《會飲篇》就是最好的例證）。

討論餐會的司儀有兩項責任：首先，他必須確保學術性的對話能夠順利進行，以達成舉行討論餐會的目的；其次，他必須確定沒有與會者因緊張而過度拘謹。為了做到第二點，他可以採取兩種手段：首先，他有權命令緊張的人多喝點酒；如果這個辦法行不通的話，司儀還可以命令他們把衣服脫掉開始跳舞！總之，討論餐會司儀的職責就是設法帶動大家熱烈參與討論（參見柏拉圖《會飲篇》，213e-14a）。

11. 這些議題在教育理論裡逐漸得到較大的討論空間。教育界對合作式學習又重新產生興趣，這主要是因為維高茨基（Vygotsky）的最佳發展區（zone of proximal development）理論。維氏的理論強調，當一個人在與更有經驗的人合作時，他的發展潛能會大於獨立一人時的能力（*Mind in Society* [1978]）。當多位學習者自己設定問題並且共同尋找答案時，他們同時也可彼此學習——任何時刻總會有某些學習者懂得較多，其他人便可因此獲益。這也是為什麼雷夫和溫格（Lave & Wenger）會非常看重學習者和研究者之間的彼此交談。他們談到專家文化裡，初學者的「合法的外圍參與」（*Situated Learning: Legitimate Peripheral Participation* [1991]）。他們謹慎的表述暗示了大多數大學教授對此觀念的想法。

第五章

1. 關於駭客社群共同接受的網路禮儀，最佳的成文規定是IETF制定的〈網路禮儀指導方針〉（"Netiquette Guidelines", RFC 1855），儘管它強調文件的目的不是「指定任何的網際網路標準」。另一份重要文件是文頓·瑟夫的初稿〈網際網路的行為與使用之指導方針〉（"Guidelines for Conduct on and Use of Internet", [1994]）。
2. 關於EFF的歷史，請參見Kapor and Barlow, "Across the Electronic Frontier"（1990），以及Barlow, "A Not Terribly Brief History of the Electronic Frontier Foundation"（1990）。
3. 巴洛對「網路空間」一詞最有名的應用，見於他的〈網路空間獨立宣言〉（"A Declaration of the Independence of Cyberspace", 1996）。
4. 譯註：新聞群組開始發展的初期，有一套清楚定義的指導方針在決定新聞群組應該如何被建立，這套指導方針包括正式的討論和投票的過程。後來有為數相當多的人認為，應該有個地方讓大家可以不用經過討論或投票的過程，就可以建立新聞群組。於是alt這個百無禁忌的旁支就誕生了。
5. 關於這項計畫的詳情，可參閱Electronic Frontier Foundation, "Cracking DES:

Secrets of Encryption Research, Wiretap Politics, and Chip Design"（1998）。

6.「全球網路自由運動」(www.gilc.org) 是在網際網路協會的一場會議中成形的，它的工作包括了「防止對線上社群的事先言論檢查」以及「確保在全球資訊基礎設施上，爲了某一用途所產生的個人資訊，不致被轉用至不相關的用途，或在未經當事人許可之前被揭露。此外還要確保人人有權檢視他在網際網路上的私人資料，且能夠更正其中的錯誤資訊」。(參見 Global Internet Liberty Campaign, "Principles"。) 它把言論自由領域和隱私權領域的重要組織串連起來，參與者包括：民主與科技中心 (www.cdt.org)、數位自由網路 (www.efn.org)、電子邊境基金會 (www.eff.org)、電子隱私權資訊中心 (www.epic.org)、網際網路協會 (www.isoc.org)、隱私權國際組織 (www.privacy.org/pi)，以及 XS4ALL 基金會 (www.xs4all.net)。

其他重要的議題結盟包括「網際網路言論自由聯盟」(Internet Free Expression Alliance) 和「網際網路隱私權同盟」(Internet Privacy Coalition)。

7.關於網路空間言論自由的全球概況，請參閱 Dempsey & Weitzner, *Regardless of Frontiers: Protecting the Human Right to Freedom of Expression on the Global Internet*; Human Rights Watch, "Freedom of Expression on the Internet" (2000)；以及 Sussman, *Censor Dot Gov: The Internet and Press Freedom 2000*（2000）。

8.關於科索沃戰爭和媒體關係的一般報導，請參閱 Free 2000, *Restrictions on the Broadcast Media in FR Yugoslavia*（1998）；Open Society Institute, *Censorship in Serbia*；Human Rights Watch, "Federal Republic of Yugoslavia", World Report 2000（2000）；Reporters sans frontières, *Federal Republic of Yugoslavia: A State of Repression* 和 *War in Yugoslavia—Nato's Media Blunders*。此外，Ignatieff 的 *Virtual War: Kosovo and Beyond*（2000）是關於科索沃戰爭的更全面的評論，其中並且觸及了資訊科技。

9.譯註：音樂鬼才蓋布瑞爾生於 1950 年 2 月 13 日，英國倫敦。他是 1970 年代紅極一時的搖滾樂團「創世紀」(Genesis) 的團長，該團以華麗、具戲劇性的「激進搖滾樂」(Progressive Rock) 樂風著稱。

10.除了丹寧的研究之外，另可參閱 Attrition.org, "Clinton and Hackers"（1999）。

11.關於資訊時代隱私權的概況，可參看 Lessig, *Code and Other Laws of Cyberspace* (1999), chap. 11，以及 Gauntlett, *Net Spies: Who's Watching You on the Web?*（1999）。

12.譯註：作者在這裡借用了基督教典故。聖經記載耶穌曾對彼得說：「我要把天國的鑰匙給你。」(馬太福音 16:19) 因此基督教風俗認爲天堂的大門是由彼得掌管。

13.關於美國及世界其他地區對加密技術的管制情形，Madsen & Banisart, "Cryptography and Liberty 2000: An International Survey of Encryption Policy" (2000) 和 Koops, "Crypto Law Survey"提供了概要評述。

14.Gilmore, "Privacy, Technology, and the Open Society" (1991)。密碼叛客的第三個創辦人提姆・梅，也寫了一篇宣言，並在這個團體的成立聚會上宣讀。參閱"The Crypto Anarchist Manifesto" (1992)。

15.Penet, "Johan Helsingius closes his Internet remailer" (1996) 和 Quittner, "Anonymously Yours—An Interview with Johan Helsingius" (1994)。關於海辛格的匿名轉信器的歷史，可參閱 Helmers, "A Brief History of anon.penet.fi" (1997)。

第六章

1.Castells, "Materials for an Exploratory Theory of the Network Society" (2000)。「可自我程式化」的勞工密切呼應了瑞克 (Robert Reich) 所說的「符號分析勞工」(參見 *Work of Nations* (1991), chap. 14)。Carnoy, *Sustaining the New Economy* (2000), fig. 3.1-4 提供了這類彈性工作崛起的實際資料。亦可參見加州大學舊金山分校與費爾德研究所 (Field Institute) 對加州地區工作條件的研究 (因爲加州是資訊科技發展的地理中心，它通常預示了將會普及到其他地區的趨勢)。根據它們的研究，三分之二的加州勞工屬彈性勞工；而如果我們把留在同一工作崗位超過三年的稱爲傳統勞工，則彈性勞工的比例將昇至 78% (*The 1999 California Work and Health Survey* [1999])。

2.在《科學管理的原理》(1911) 中，泰勒描述將勞工動作最佳化的方法：

> 第一、找出十或十五個對所分析的工作特別嫻熟的人 (最好 [盡量] 來自不同行業和地區)。
>
> 第二、研究在執行所分析的工作時，這些人的基本操作或動作的精確序列，以及他們使用的工具。
>
> 第三、用馬錶研究每一個基本動作所需的時間，然後選出執行工作中每一動作的最快方式。
>
> 第四、削減所有假性動作、緩慢動作和無用動作。

第五、在刪掉所有不必要動作之後，把最快、最好的動作以及最佳的工具匯整成一個系列。(p.61)

3.艾瓦格里烏，出自 Ward, *The Sayings of the Desert Fathers*。更完整的引文是：

思想可怕並嚴厲的審判，熟思罪人所遭遇的命運和他們在天主、天使、總領天使以及一切人面前的羞慚，亦即是想罪人的受罰、永火、不息的蟲蝕、黑暗、切齒以及哀求等。又要尋思天主爲正義人所準備的幸福，那即是在天父和聖子面前的心安，伴同天使、總領天使，以及一切的聖賢，獲得天堂、天國的賞報、喜樂和眞福。

在思想裡，你應該牢記這兩種事實：弔哭罪人的審判和苦身克己，以免將來遭受那些痛苦，可是還要高興，高興義人的佳運。盡心竭力爭取這些福樂，而避免遭受那些痛苦。你不拘在斗室之內，或斗室之外，要經心地記憶這些事情，切勿釋懷。這樣由於常記不忘，你至少能夠躲避不正而且有害的思想。

試將上文與羅賓斯比較：「人們只要練習到能夠輕易地把某事想像得像是眞的經歷過，那麼他就能成功。」(*Awaken the Giant Within*, p. 80) 還有：「你瞧，十年之後，你必定可以到達。問題是：到達何處？你會變成怎樣的人？你會如何生活？」(p. 31)

4.亞大納削《聖安當的生平》，55。與羅賓斯比較，後者說：「幾乎所有個例的最佳策略都是找出一個可效法的典範，一個已經達到你想要的結果的人，然後借用他們的知識。學習他們的作法、他們的中心信仰，與他們的思維方式。」(*Awaken the Giant Within*, p. 25)

5.Nua, "Internet Survey: How Many Online" (2000 年九月)。根據他們的調查，上線人口約有三億八千萬人，其中約一億六千萬人來自美國和加拿大。

第七章

1.這是奧古斯丁不斷問的問題。參見《駁摩尼教徒論創世紀》(*On genesis Against the Manichees*, 1.2)；《懺悔錄》，11.13, 12; 以及《天主之城》，11.5。

奧古斯丁自己的答案是，我們不能有意義地談論創世紀之前的時間，因爲創世紀發生時還沒有時間、空間的概念，是它創造了時間和空間。

2.譯註：閃 (Shem)、含 (Ham) 皆爲諾亞之子。

3.當但丁在《神曲》中抵達地獄時，在地獄的邊緣（Limbo of Hell）見到了蘇格拉底、柏拉圖和其他的哲人，繼續著他們的討論。

附錄

1.譯註：微軟的Windows作業系統在嚴重當機時，會出現一個藍底白字的螢幕，一般把這個螢幕，及造成它出現的狀態稱爲「藍螢幕」(blue screen)。有些使用者用誇大的說法，說它是「死亡藍螢幕」(Blue Screen of Death)。

2.GNU的名稱是一個駭客式幽默。這個發展類似Unix的作業系統與軟體的龐大軟體計畫，它的名稱是短句“GNU's not Unix” (GNU不是Unix)的字首縮寫。(譯按：它的幽默在於這是一個會造成「無窮遞迴」的文字遊戲。當我們說GNU是短句“GNU's not Unix”的字首縮寫時，有人或許會問：那麼短句的第一個詞GNU's [= GNU is] 中的GNU是什麼意思？答案是：它是“GNU's not Unix”的縮寫。但這答案又再出現GNU，於是可以再問，這一次的GNU是什麼意思？如此循環不已，這個名字永遠解釋不完。) 當AT&T決定將它的Unix（誕生於其貝爾實驗室）商業化時，史托曼表現出他對這種封閉軟體原始碼的作法的反對立場。1983年10月23日，他寄了一封信到net-unix-wizards和net.usoft兩個新聞群組上：

> 解放Unix！
> 從這個感恩節開始，我將要寫一套與Unix相容的完整的軟體系統，我把它命名爲GNU（因爲GNU's not Unix），而且我會免費把它給任何能夠使用它的人。我將需要有人貢獻大量的時間、金錢、軟體和硬體設備。

不久之後，史托曼將這篇文章擴大成爲駭客原則的立場聲明：「GNU計畫宣言」(“The GNU Manifesto”, 1985)。史托曼把GNU視爲ITS（Incompatible Time-sharing System, 不相容分時系統）的精神繼承者，ITS是由MIT的駭客在六〇年代末期設計的開放性原始碼作業系統。GNU計畫最有名的產物包括一個駭客們喜用的文字編輯器emacs，以及Linux駭客用的C語言編譯程式gcc。

GNU的歷史，請參考Stallman, “The GNU Operating System and the Free Software Movement” (1999)；ITS的相關資料，請見Levy, *Hackers*, pp.123-28。

3.BSD計畫始於與貝爾實驗室裡Unix設計者的密切合作。八〇年代早期，AT&T決定將Unix作業系統商品化，駭客們不能再使用原始Unix的程式碼，於是BSD成爲他們繼續發展Unix的核心。九〇年代，BSD分成三條主線發展：NetBSD、

FreeBSD 和 OpenBSD。詳情請參閱 Marshall McKusick, "Twenty Years of Berkeley Unix: From AT&T-Owned to Freely Redistributable" (1999)。

4.雖然 Unix 是由湯普森開始發展的，他和設計 C 語言的李奇一開始就合作密切。因此 C 語言和 Unix 的發展史其實是交織在一起的。關於 Unix 發展史的詳細內容，請參考 Ritchie, "The Evolution of the UNIX Time-Sharing System"和"Turing Award Lecture: Reflections on Software Research"。另亦見 Salus, *A Quarter Century of Unix* (1994)。

5.比方說，我們常常聽到 Arpanet 的目標是要建立一個不受核武影響的網路。在網際網路的主要推動者的論文（Vinton Cerf，Bob Kahn, et al. "A Brief History of the Internet", 2000）中，他們將這個流行的說法稱爲「錯誤的謠言」。網際網路的眞正起源其實比較實際。計畫的主持人羅勃茲（Lawrence Roberts）是從 MIT 轉換陣地到 ARPA 的學者，他構想的網際網路是一個促進計算機科學家彼此合作的工具：「在某些學術領域中，讓一群在不同地域的人能夠有效地透過一個系統合作互動，將可以達到［造成大幅進步的］『臨界質量』。」(Robert, "Multiple Computer Network and Intercomputer Communication" [1967], p.2.)

6.在最初成立了網路工作小組（Network Working Group）之後，它接著又演變爲國際網路工作小組（International Network Working Group, INWG），它是在 1972 年的國際電腦通訊會議（International Conference on Computer Communications）上成立的，宗旨是發展、制定網際網路的標準。瑟夫是這個組織的第一個領導人。儘管 INWG 沒有正式的官方地位，但實際上，它發展並奠定了網際網路上最重要的幾項技術標準(瑟夫和康兩人是研發 TCP/IP 的軸心人物，這項網際網路最關鍵的通訊協定定義了資訊如何在網際網路上傳遞)。

最後，於八〇年代初，ARPA 正式退出網際網路。爾後，駭客逐漸成爲網際網路發展的主要推動力量。1986 年，Internet Engineering Task Force（IETF）接替了 INWG 的位子。它採取完全開放的形式。事實上，成爲這個團體的「會員」的唯一途徑就是參與它的郵寄名單討論或會議。網際網路基礎設施的專家布萊德納（Scott Bradner）替這個開放團體的角色做了總結：「除了 TCP/IP 以外，網際網路所有的基本科技都是來自 IETF，或是被 IETF 修訂過。」("The Internet Engineering Task Force" [1999], p.47；關於 IETF 的更詳盡資料，可另見 Bradner, "The Tao of IETF"；及 Cerf, "IEFT and ISOC"；關於網際網路協會的簡要說明，請見協會自撰的 "All About the Internet Society")。

當我們在討論網際網路的發展模式的成功時，我們必須注意，TCP/IP 並不是當時建立「網路的網路」的唯一提案。當時國際最權威的標準制定組織——CCITT 和 ISO——都有他們自己的官方標準（X.25 和 OSI）。根據 Abbate 的研究，這些傳統的標準組織的通訊協定之所以未能成功，其中一個主要的原因似乎是由於這兩個組織封閉的運作特質（*Inventing the Internet* [1999], chap. 5）。

7. Berners-Lee, *Weaving the Web* (1999), p.123。柏納李（Berners-Lee）無疑是第一個開始想像一個全球超文字系統的人。發明「超文字」一詞的泰德・尼爾森，是最廣爲人知、將這個概念具體化的人。在他以此爲題材的知名作品 *Literary Machines*（1981）中，尼爾森承認他受惠於布許（Vannevar Bush）。布許是美國資訊處理科技界最有影響力的代表人物之一；早在一九四〇年代，他即想像了一個他稱爲 Memex 的超文字系統（"As We May Think" [1945]）。活躍於網際網路初期發展的恩格巴特（Douglas Engelbart）於 1968 年在舊金山發表了 oNLine System，作爲他的「人類智識增長」(Augmenting Human Intellect) 計畫的產品：它包括了許多和現今網路相同的特質。(爲了這個研究計畫的示範，他還發明了滑鼠；參閱 Ceruzzi, *A History of Modern Computing* [1998], p.260；關於恩格巴特更閎大的構想，請參閱他的"Augmenting Human Intellect: A Conceptual Framework" [1962])。在人文學科的領域中，超文字這個概念當然有更長的歷史（參考 Landow, *Hypertext* v.2.0 [1997]）。然而，柏納李說，當他的想法在發展階段時，他並不熟悉人文領域中的這些想像（p.4）。

在突破階段，資訊網有一些直接的競爭對手，它和競爭對手的不同在於社會模式上的優勢。直到一九九四年，全球資訊網基本上只是網際網路上的諸多新用途之一，而且當時完全不清楚它們其中哪一個的發展會搶得領先的地位（更然更不可能明顯看出其中哪一個將會深深地影響網際網路）。其中最有力的競爭者是明尼蘇達大學所發展的地鼠（Gopher）資訊系統；Gopher 在 1993 年春天，當校方決議將它商品化時，發展遇到了障礙。柏納李描述這件事：「這在當時是一個背叛學術圈和網際網路社群的行爲。即使校方從未收過任何人一毛錢，學校宣稱他們保留收取 gopher 通訊協定使用費的權利，這點已經逾越了界線。」(p.73) 柏納李則小心地確保 CERN 允許他維持全球資訊網發展的完全開放性。

8. Michael Dertouzos, "Forward", *Weaving the Web*。全球資訊網協會（World Wide Web Consortium）的一項主要目標就是確保資訊網的關鍵通訊協定（HTTP/URL 和 HTML）的開放性；這些通訊協定規定了網頁如何透過網路傳遞，以及網頁內容的語法結構。詳情請見“About the World Wide Web Consortium”。

9. 有關安卓森在資訊網發展中的角色，參見 Robert H. Reid, *Architects of the Web: 1,000 Days That Built the future of Business* (1997), chap. 1；John Naughton, *A Brief History of the Future: The Origins of the Internet* (1999), chap. 15；Berners-Lee, *Weaving the Web*, chap. 6。安卓森後來和吉姆・克拉克建立了網景，當時克拉克最爲人知的是他 SGI 創辦人身分（參見 Clark, *Netscape Time*）。網景封閉了它的原始碼，也許這就是它致命的錯誤，導致它與微軟的 Internet Explorer 戰爭上失利（但是當時伊利諾大學的「NCSA Mosaic 使用授權取得程序」(1995) 同時也爲 Mosaic 原始碼的開放性加上了一些限制）。雖然網景在一九九八年重新以開放原始碼的形式發行它的瀏覽器（名爲 Mozilla），但是我們不太能確定這個決定是否會有任何幫助，因爲這個瀏覽器已經成爲一個龐然大物，要其他人在這時候加入是很困難的（參考“Mozilla: Our Mission” [2000]；Hamerly, Paquin, & Walton, “Freeing the Source: The Story of Mozilla” [1999]；Raymond, “The Revenge of the Hackers” [1999]）。

由還是學生的麥庫爾（Rob McCool）等人研發的 NCSA Web 伺服器，在伺服器這一邊造成了如同 Mosaic 在用戶端的爆炸性影響。（使用者的瀏覽器是連到伺服器來擷取網頁。）麥庫爾也加入了網景。但是，伺服器端的駭客傳承會被保留的原因，主要是因爲所謂的 Apache 駭客群，譬如當時還在柏克萊的貝倫朵夫（Brian Behlendorf）。他們根據 NCSA 伺服器最初的開放原始碼，進一步研發更好的伺服器軟體。

波特菲德（Keith Porterfield）替網際網路和全球資訊網兩者對駭客的依賴關係做一個總結；他假設，如果將駭客寫的程式從它們的技術核心中抽走，我們的網路會變成怎樣的面貌（括號中是我對其原因的簡評）：

> 超過半數的網站將會消失（因爲約三分之二的網站用的是 Apache 伺服器；參考 Netcraft, The Netcraft Web Server Survey [2000 年 9 月]）
>
> Usenet 新聞群組也會消失（因爲它們要靠駭客創造的 INN 程式才能運作）
>
> 不過那無所謂，因爲電子郵件也不能用（因爲大多數電子郵件都是透過由駭客寫的 Sendmail 程式來傳送）
>
> 你在瀏覽器裡打的網址是“199.201.243.200”，而不是“www.netaction.org”（因爲這種人人看得懂的「地址通訊錄」得依賴駭客寫的 BIND 程式）

INN (InterNetNews) 是由 Rich Salz 這類駭客創造出來的 (見 “INN: InterNet-News”)。Sendmail 原來是由就讀柏克萊的 Eric Allman 在 1979 年時撰寫的 (見 “Sendmail.org”)。BIND 的全名是 Berkeley Internet Name Domain，它原來是由柏克萊的一群學生 Douglas Terry、Mark Painter、David Riggle 與 Songnian Zhou 發展出來的 (其他關鍵人物，請見“A Brief History of BIND”)。所有這些駭客的計畫，現在都由網際網路軟體協會 (Internet Software Consortium) 繼續執行 (不過它對 Sendmail 的參與是間接透過對 Sendmail Consortium 的支援)。

10. 參見 Brand, “Fanatic Life and Symbolic Death Among the Computer Bums” in *II Cybernetic Frontiers*；Levy, *Hackers*, pp.56-65。後來，這個遊戲造成了電腦遊戲產業的誕生 (參見 Herz, *Joystick Nation* [1997], chap. 1)。目前這個業界的市場規模幾乎與美國的電影業相等 (參見 Interactive Digital Software Association, *State of the Industry Report* [1999], p. 3)。

11. Nelson, *Computer Lib*, 1974 年版導言，p.6。參考「行話檔」，cybercrud 詞條。這個團體的前身，人民電腦公司 (People's Computer Company, 雖然這聽來像是個企業的名字，但它其實是個非營利組織) 和其他六〇年代的反叛青年團體關係匪淺，並且也服膺它們「將權力還給大衆」的原則。(促進言論自由，女性和同性戀者的地位，環保和動物保育這類運動在舊金山灣區非常蓬勃。) 家釀電腦俱樂部的發起人，法蘭契和摩爾 (Gordon French & Fred Moore) 在 PCC 中都很活躍，他們曾經在一個佈告欄張貼這樣的公告：

> 業餘電腦使用者團體　家釀電腦俱樂部……隨你取名
> 你在組裝自己的電腦嗎？終端機？電傳打字機？輸入/輸出裝置？或是其他的數位魔法盒子？
> 或者，你在買分時服務 (time-sharing service) 的時間嗎？
> 如果是的話，不妨參加擁有相同興趣的人所舉辦的聚會，到這兒來交換資訊、點子，幫忙參與計畫之類。(Levy, *Hackers*, p.200)

PCC 的創辦人歐布列特 (Bob Albrecht) 倡導使用電腦，以此來對抗官僚體系的權力當局。PCC 雜誌第一期 (1972 年 10 月) 的封面印有下列文字：「電腦的使用多半不利於人民，而非有利人民；它多半用來控制人民，而非解放人民。改變這一切的時候到了——我們需要人民電腦公司」(同上 p.172)。PCC 週三晚間集會的參與者之一是費森斯坦（Lee Felsenstein），一個曾在1964年12月參與「言論自由運動」，佔領校園建築的柏克萊學生。費森斯坦的目標是要讓各地方的人都能自由使用電腦；根據他的提案，這需要提供「一個可以讓擁有共同興趣的人可以相互聯絡的溝通系統，而毋需受到第三者的干擾」（同上，p.156）。歐布列特和費森斯坦兩人都從PCC開始，進而加入家釀電腦俱樂部，費森斯坦後來並成爲討論會的主持人。

12.很諷刺的，蘋果電腦在與1981年IBM發表的個人電腦的競爭中落後的原因，主要就在於蘋果後來組成公司，致使它對產品採取了封閉的架構；而IBM（駭客的宿敵）個人電腦的成功，可以歸功於它開放式的架構，使得其他人可以加入進來。

延伸閱讀

A, 本書中主要引用的文獻

韋伯，《新教倫理與資本主義精神》(中文版由唐山出版)

(Max Weber, *The Protestant Ethic and the Spirit of Capitalism*, 1904-1905, London: Routledge, 1992)

柯司特，《資訊時代的經濟、社會與文化》三卷 (第一卷《網絡社會之興起》、第三卷《千禧年之終結》由唐山出版)

(*The Information Age: Economy, Society and Culture. Vol. I: The Rise of the Network Society*. Malden, Mass.: Blackwell, 1996)

(*The Information Age: Economy, Society and Culture. Vol. II: The Power of Identity*. Malden, Mass.: Blackwell, 1997)

(*The Information Age: Economy, Society and Culture. Vol. III: End of Millennium. Malden*, Mass.: Blackwell, 1998)

雷蒙，〈大教堂與市集〉

(Eric Raymond, "The Cathedral and the Bazaar")

雷蒙，〈駭客國度簡史〉

(Eric Raymond, "A Brief History of Hackerdom.")

以上這兩篇雷蒙的文章及其翻譯可在下列網址找到：

www.tuxedo.org/~esr/writings/cathedral-bazaar/

雷蒙，〈如何成爲駭客〉

(Eric Raymond, "How to Become a Hacker", www.tuxedo.org/~esr/faqs/hacker-howto.html)

沃德(編)，《荒漠之父嘉言集》(中文節譯本《曠野之聲》由光啓出版社出版)

(Benedicta Ward [ed.], *The Sayings of the Desert Fathers*, 1975)

柯維，《與成功有約》(中文版由天下文化出版)

(Stephen Covey, *The Seven Habits of Highly Effective People: Restoring the Character Ethic*. [1989] New York: Simon and Schuster, 1999)

羅賓斯，《喚醒心中的巨人》(中文版由生產力中心出版)

(Anthony Robbins, *Awaken the Giant Within: How to Take immediate Control of Your Mental, Emotional, Physical, and Financial Destiny*. New York: Fireside, 1992)

B. 次要引用文獻

柏納李，《一千零一網》(中文版由台灣商務出版)

(Tim Berners-Lee, *Weaving the Web: The Original Design and Ultimate Destiny of the World Wide Web by Its Inventor*. New York: HarperCollins, 1999.)

夫蘭納里，《數學小魔女》(中文版由天下文化出版)

(Sarah Flannery, with David Flannery, *In Code: A Mathematical Journe*y. London: Profile Books, 2000.)

狄佛，《魯賓遜漂流記》

(Daniel Defoe, Robinson Crusoe)

富蘭克林，《自傳》

(Benjamin Franklin, *Autobiography and Other Writings*. Ed. Ormond Seavey. Oxford: Oxford University Press, 1993 [reissued 1998])

勒華拉杜里，《蒙大獪： 1294-1324 年奧克西坦尼的一個山村》(中文版由麥田出版)

(Emmanuel Le Roy Ladurie, *Montaillou: Cathars and Catholics in a French Village, 1294-1324.* London: Penguin Books, 1978)

孔恩，《科學革命的結構》(中文版由遠流出版)

(Thomas Kuhn, *The Structure of Scientific Revolutions.* Chicago: University of Chicago Press, 1962)

芮夫金，《工作的終結》(中文版作《工作終結者》，由太雅出版)

(Jeremy Rifkin, *The End of Work: The Decline of the Global Labor Force and the Dawn of the Post-Market Era*, New York: Putnam's Sons, 1995)

戴爾，《Dell 的祕密》(中文版由大塊出版)

(Michael Dell, *Direct from Dell: Strategies That Revolutionaized an Industry*, London: HarperCollins Business, 2000)

C. 其他

李維，《駭客》

(Steven Levy, *Hackers: Heros of the Computer Revolution*. New York: Delta, 1994.)

從記者的角度報導早年駭客的發展歷史。初版出書時間甚早(1984)，並未涵蓋後來的發展，但對瞭解MIT駭客和微電腦革命仍極有幫助。

海芙納、馬可夫，《電腦叛客》(中文版由天下文化出版)

(Katie Hafner & John Markov, *Cyberpunk: Outlaws and Hackers on the Computer Frontier*. rev. ed., New York: Touchstone, 1995.)

早期三個電腦犯罪的個案報導。除了事件的報導之外，對於當事人的成長背景和心理也有深刻的描繪。「行話檔」認爲把其中意外闖禍的電腦高手羅勃．莫利斯(Robert T. Morris)與另外兩個案例相較，正可以看出眞正的駭客與冒牌貨之間的差別。

史拉塔拉、奎特納，《幻術大師》

(Michele Slatalla, Joshua Quittner, *Masters of Deception: The Gang That Ruled Cyberspace*. New York: HarperPerennial, 1996)

關於一九八〇年代末，兩個最著名的「鬼客」團體，「幻術大師」和「末日軍團」的故事。作者以同情的觀點報導這一群紐約貧民區青少年的成長過程，敘事生動有趣。

海芙納、萊恩，《網路英雄》(中文版由時報出版)

(Katie Hafner & Matthew Lyon, *Where Wizards Stay Up Late: The Origins of the Internet*. New York: Touchstone, 1998.)

網際網路的發展史。

穆迪，《Linux 傳奇》(中文版由時報出版)

(Glyn Moody, Rebel Code: *Linux and the Open Source Revolution*, Cambrideg, MA: Perseus, 2001.)

托瓦茲，《Just for Fun》(中文版由經典傳訊出版)

(Linus Torvalds with David Diamond, *Just for Fun: The Story of an Accidental Revolutionary*, Harperbusiness, 2001.)

《聖本篤的身世、會規及靈修》(侯景文譯，光啓出版社出版)

關於聖本篤其人其事、本篤會規與隱修生活的簡介。

布朗森，《晚班裸男》(中文版由大塊出版)

(Po Bronson, *The Nudist on the Late Shift*)

本書是目前矽谷資訊產業的綜覽。其中的〈中輟生〉對希利斯的萬年鐘計畫有深入的介紹，〈程式設計師〉一章則是九○年代末駭客工作與生活的一幅精采側寫。

國家圖書館出版品預行編目

駭客倫理與資訊時代精神／海莫能
(Pekka Himanene) 著；劉瓊云譯--初
版--台北市；大塊文化, 2002[民 91]
面；　　公分--(from: 5)
譯自：The Hacker Ethic, and the Spirit
of the Information Age
ISBN 986-7975-15-4

1. 電腦與人文

312.9016　　　91001538

LOCUS

LOCUS

LOCUS

LOCUS